云计算中的大数据技术与应用

YUNJISUAN ZHONGDE
DASHUJU JISHU YU YINGYONG

梁 凡/著

U0317314

吉林大学出版社

图书在版编目（CIP）数据

云计算中的大数据技术与应用 / 梁凡著. —长春：
吉林大学出版社，2018.3
ISBN 978-7-5692-2166-4

Ⅰ．①云… Ⅱ．①梁… Ⅲ．①云计算—研究②数据处
理—研究 Ⅳ．①TP393.027②TP274

中国版本图书馆 CIP 数据核字（2018）第 089029 号

书　　名	云计算中的大数据技术与应用
作　　者	梁凡 著
策划编辑	李伟华
责任编辑	李伟华
责任校对	安　萌
装帧设计	墨创文化
出版发行	吉林大学出版社
社　　址	长春市人民大街 4059 号
邮政编码	130021
发行电话	0431-89580028/29/21
网　　址	http://www.jlup.com.cn
电子邮箱	jlup@mail.jlu.edu.cn
印　　刷	北京富泰印刷有限责任公司
开　　本	787×1092　1/16
印　　张	9.5
字　　数	200 千字
版　　次	2018 年 6 月第 1 版
印　　次	2023 年 8 月第 2 次印刷
书　　号	ISBN 978-7-5692-2166-4
定　　价	38.00 元

前言

QIANYAN ·············

可以说，我们身处于一个大数据时代。利用大数据，我们可以建立城市规划、预测犯罪发生、预测禽流感暴发······"大数据"一词，既代表着信息技术的发展与创造，更代表了崭新的生产、生活方式。

作为大数据的基础技术支撑——云计算，它是以网络为基础，以资源服务为目标的一种计算模式，其"侧重计算效能提升，通过虚拟化、分布式、并行计算等多种技术手段，解决海量数据环境下的计算复杂性和时效性问题"。而大数据本质上是"一种信息价值获取方式，侧重数据的应用分析，采用数据存储、数据处理、分析应用及数据展现等多个交叉学科技术，解决各种海量、异构、多模态数据的价值获取问题"。简单来说，云计算解决了"如何算"，大数据则解决了"如何用"。大数据在互联网、电信、企业、物联网等行业还有很大的发展空间，大数据问题将挑战企业的存储架构及数据中心基础设施等，也会引发云计算、数据仓储等的应用的连锁反应。

全书共分9章，包括云计算、大数据、大数据存储、大数据处理、数据查询分析计算系统、云存储、云计算技术中的网络安全问题、云计算入侵检测，以及大数据技术的应用。

在本书的编写过程中，得到了作者所在单位南宁职业技术学院各级领导的大力支持与帮助，以及部分同事提出许多宝贵的意见，还提供了有效案例。同时，也参考了同行们无私分享在互联网上的大量资料，在此一并表示衷心的感谢！

由于作者水平有限，书中难免存在不足之处，恳请读者批评指正。

编者：梁凡

目录 MULU

第1章 云计算

"云计算和大数据"重点专项"大数据驱动的人类智能感知与情感交互关键技术"项目启动会在合肥召开

国家重点研发计划"云计算和大数据"重点专项 2017 年度立项项目"大数据驱动的人类智能感知与情感交互关键技术"项目启动会在合肥召开。中科院科技促进发展局相关领导、中国科学技术大学朱长飞副校长、总体专家组责任专家、项目咨询专家、课题负责人、专项办有关人员出席会议。项目负责人吴枫教授主持了会议。

会上，专项办有关同志对云计算和大数据重点专项管理情况、专项组织实施总体考虑和专项总体管理原则进行了介绍，并对后续工作提出了相应的要求。朱长飞副校长作为项目牵头单位给 7 位专家颁发了专家聘书。紧接着，项目负责人汇报了项目的研究背景与意义、研究内容与关键科学问题、项目技术路线和实施计划、项目管理机制、项目成果呈现形式及测试方法等。最后，专家们进行了研讨，建议将项目主线进一步聚焦，将项目研究子任务形成一个闭环，提出了更为具体的应用需求，应用范围更为明确，并考虑项目成果的展示方式。

通过本次会议，对项目课题及参与人员的任务进行了进一步的明确分工，为下一阶段项目实施方案指明了论证方向，确保项目能够顺利实施以及目标能够按期完成。

资料来源：http://www.most.gov.cn/kjbgz/201801/t20180124_137855.htm

1.1 云计算简介

本节我们将介绍现代企业为什么需要云计算、云计算的含义及特点、云计算的发展历史。

1.1.1 为什么我们需要云计算

以前由于条件的限制，个人使用计算机软件与企业建立和开发系统，都需要一定的预算。例如，个人首先需要在自己的电脑上安装各种软件，这些软件有些免费，而有些软件需要额外付费。即使是不经常使用的付费软件，也需要购买后才能使用。而对于企业来说，如果需要建立一套软件系统，除了需要购买硬件等基础设施外还需要

购买软件的许可证，同时，需要由专门的人员维护。随着企业规模的扩张和需求的增加，各种软、硬件设施需要通过不断升级来完成工作、获取盈利、提高效率。但事实上，企业真正所需要的并不是计算机的硬件和软件本身，如何通过租用和共享来减少支出，对企业来说，真的是再好不过。

部分服务提供商抓住这个机会，纷纷开始思考：为给个人和企业用户提供更多的便捷，是否可以提供某种服务，例如，将软件以租赁的方式提供给用户？这样，用户只需要交纳少量租金，就可使用这些软件服务，不仅能够节省许多购买软、硬件的资金，还能够及时更新服务资源。在计算机应用中推广这种服务模式的想法最终导致了云计算的产生。

云计算改变了人们的生活和工作方式，为我们的生活提供了无限的可能。用户的计算机只需要通过浏览器给"云"发送请求然后接收数据，就能便捷地使用云服务。这样一来，计算机不再需要过大的内存，甚至也不需要购买硬盘和安装各种应用软件，但仍然能获得海量的计算资源、存储空间和各种应用软件等。

小资料

赵阿姨退休后，开始了自己的旅游之路，游山玩水间少不了拍照留念，然而手机里存储越来越多的照片成为了赵阿姨的烦恼。刚开始她把照片都上传到 QQ 空间里，这既是一种分享，同时又能节省手机的存储空间，但是她又有些担心害怕 QQ 号被盗，上传的照片存在丢失的风险？于是，赵阿姨的小孩又帮她注册了百度云，将所有的照片都存在了百度云中，这样就相当于上了"双保险"。赵阿姨不禁感慨："以前，照相要到照相馆，照完的照片还要洗出来，放进相册里，底片也要保存好。现在有了手机、电脑、'云'，照片保存方便多了！"

1.1.2 云计算的含义及特点

什么叫作云计算？由于人们对云计算的认识还不够全面，云计算也在不断地发展和变化中，因此目前云计算并没有非常严格和准确的定义。

1. 云计算的含义

在计算机还没有普及的 20 世纪 60 年代，就有科学家曾经提出"计算机可能变成一种公共资源。"2006 年，谷歌首席执行官艾里克·施密特在搜索引擎大会上第一次提出了云计算的概念。

最近几年，云计算这一概念经常成为各大报道的头条，虽然大部分人对云计算的真正含义还不是很了解，但是不得不承认，云计算技术在社会生活的诸多领域中已经开始运用。云计算是一种具有开创性的新计算机技术，它是传统计算机和网络技术发展到一定阶段融合的产物。通过互联网提供计算能力即，就是云计算的原始含义。

2012 年，国务院政府工作报告将云计算作为国家战略性新兴产业给出了定义："云

计算是基于互联网服务的增加、使用和交付模式，通常涉及通过互联网来提供动态、易扩展且经常是虚拟化的资源。"

云计算主要包括：一方面是厂商通过分布式计算和虚拟化技术搭建数据中心或超级计算机，主要有免费和按需租用的方式向技术开发者或者企业客户提供数据存储、分析以及科学计算等服务。另一方面是指厂商建立网络服务器集群，把在线软件使用、硬件租借、数据存储、计算分析等不同类型的服务提供给不同类型的客户。云计算提供更多的厂商和服务类型。云计算的应用和影响力日益扩大，并成为新兴战略性产业之一。云计算体系结构如图 1-1 所示。

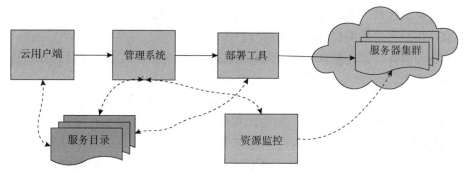

图 1-1　云计算体系结构

2. 云计算的组成

云计算的"云"是指存在于互联网上的服务器集群上的资源，它包括硬件资源和软件资源，硬件资源主要指服务器、存储器、CPU 等，软件资源主要指应用软件、集成开发环境等。云计算是一种"共享"，是因为本地计算机 A 只要通过互联网发送一个需求信息，远端就会有成千上万的计算机（B、C、D……N）为其提供资源，并将搜索结果返回到本地计算机 A，本地计算机 A 几乎不用做什么，因为云计算提供商所提供的计算机群能够完成所有的处理。

在云计算环境下，用户形成了"购买服务"的使用观念，他们面对的不再是复杂的硬件和软件，而是最终的服务。用户不需要购买硬件设施实物，节省了购买费用，同时可以节省等待时间（漫长的供货周期和冗长的项目实施时间），只需要把钱汇给云计算服务提供商，就能立刻享受服务。云计算的最终目标是将计算、服务和应用作为一种公共设施提供给公众。

3. 云计算的特点

目前，大众普遍接受的云计算具有以下特点。

（1）规模化。云计算"资源库"拥有的规模相当大，一般由较多台机器组成"云"的集群，企业的云系统一般拥有几十万台到一百多万台服务器，企业的私有云也一般拥有成百上千台服务器不等。

（2）虚拟化。在互联网的基础上建立了云计算，而互联网本身就是一个虚拟的世界，因此，云计算技术也是虚拟的。事实上，我们可以把云计算类比成一个存在于网络虚拟世界

里的"资源库",所有用户请求的来源都出自该"资源库",并非一个个固定的实体。

（3）可靠性高。"将资料存储在硬盘里或计算机中，硬盘或计算机一旦出现故障，或者云系统一旦崩溃，自己的资料会不会无法找回？"这是很多用户的担忧。实际上，"云"使用了数据多副本容错、计算节点同构可互换等措施来保障服务的高可靠性，使用云计算比本地计算机的可靠性要高。因为数据被复制到了多个服务器节点上拥有多个副本（备份），即使遇到意外删除或硬件崩溃存储在云里的数据也不会受到影响。

（4）通用性。为了给用户提供更大的便利，在"云"的支持下可以构造出千变万化的应用，同一个"云"可以支持不同的应用同时运行，用户对是否通用并不用担心。

（5）可扩展性高。为了能够满足应用和用户规模增长的需要，云计算的规模可以动态伸缩，用户可以根据自己的需要进行扩展。

（6）按需服务。云计算有一个庞大的资源库，用户按需购买，可以充分利用资源，不造成资源浪费。

（7）成本低。云计算技术拥有强大的容错能力，其节点的构成成本非常小。用户和企业都能认可它所创造的价值。例如，利用云计算只要花费几百美元和几天时间就能完成以前需要数万美元和历经数月才能完成的任务。

云计算技术作为一项涵盖范围广且对产业影响深远的技术，未来将逐步渗透到信息产业和其他产业的方方面面，并将深刻改变产业的结构模式、技术模式和产品销售模式，进而深刻影响人们的生活。云计算的重要性也会日益凸显。同时移动互联网的出现促使云计算应用走向人们的指间，推动了云计算技术的应用发展，今后云计算将是一项随时、随地、随身为我们提供服务的技术。

1.1.3　云计算的发展历史

非常重视客户体验的在线零售商 Amazon 推动了云计算快速发展。在 Amazon 发展到一定规模后，发现自己的数据中心在大部分时间都只有不到10%的利用率，这表明有90%的资源都被闲置了。为了让自己的数据中心得到更加充分的利用，Amazon 开始考虑将计算资源从单一、特定的业务中解放出来，在空闲时提供给其他有需要的用户使用，于是就有了 AWS（Amazon Web Service，亚马逊网络服务）。初期的 AWS，只是一个线上资源库，因此，人们对其关注并不是很多。2006 年，Amazon 发布了 EC2（Elastic Compute Cloud），它第一次面向公众提供基础构架，云计算进入了更广阔的服务对象领域。

1956 年 6 月，Christopher Strachey 发表虚拟化论文，虚拟化是今天云计算基础架构的基石。

1961 年，John McCarthy 提出计算力和通过公用事业销售计算机应用的思想。

1962 年，J. C. R. Licklider 提出"星际计算机网络"设想。

1965 年，美国电话公司 Western Union 一位高管提出建立信息公用事业的设想。

1984 年，太阳电脑（Sun Microsystems）公司的联合创始人 JohnGage 说出了"网

络就是计算机"，用于描述分布式计算技术带来的新世界，今天的云计算正在将这一理念变成现实。

1996 年，网格计算 Globus 开源网格平台起步。

1997 年，南加州大学教授 RamnathK. Chellappa 提出云计算的第一个学术定义，认为计算的边界可以不是技术局限，而是经济合理性。

1998 年，VMware（威睿公司）成立并首次引入 X86 的虚拟技术。

1999 年，MarcAndreessen 创建 LoudCloud，是第一个商业化的 IaaS 平台。

2000 年，SaaS 兴起。

2004 年，Web 2.0 会议举行，Web 2.0 成为技术流行词，互联网发展进入新阶段。

Google 发布 MapReduce 论文。Hadoop 就是 Google 集群系统的一个开源项目总称，主要由 HDFS、MapReduce 和 Hbase 组成，其中 HDFS 是 Google File System（GFS）的开源实现；MapReduce 是 Google MapReduce 的开源实现；Hbase 是 Google-BigTable 的开源实现。

同年，DougCutting 和 MikeCafarella 实现了 Hadoop 分布式文件系统（HDFS）和 Map-Reduce，Hadoop 并成为了非常优秀的分布式系统基础架构。

2005 年，Amazon 宣布 Amazon Web Services 云计算平台。

2006 年，Amazon 相继推出在线存储服务 S3 和弹性计算云 EC2 等云服务。

2006 年，太阳电脑公司推出基于云计算理论的"BlaceBox"计划。

2007 年，Google 与 IBM 在美国大学校园推广云计算的计划。

2007 年 3 月，戴尔成立数据中心解决方案部门，先后为全球 5 大云计算平台中的三个（包括 WindowsAzure、Facebook 和 Ask. com）提供云基础架构。

2007 年 7 月，亚马逊公司推出了简单队列服务（Simple Queue Service，SQS），这项服务使托管主机可以存储计算机之间发送的消息。

2007 年 11 月，IBM 首次发布云计算商业解决方案，推出"蓝云"（Blue Cloud）计划。

2008 年 1 月，Salesforce.com 推出了随需应变平台 DevForce，Force. com 平台是世界上第一个平台即服务的应用。

2008 年 2 月，EMC 中国研发集团云架构和服务部正式成立，该部门结合云基础架构部、Mozy 和 Pi 两家公司共同形成 EMC 云战略体系。

2008 年 2 月，IBM 宣布在中国无锡太湖新城科教产业园为中国的软件公司建立第一个云计算中心。

2008 年 4 月，GoogleAppEngine 发布。

2008 年，Gartner 发布报告，认为云计算代表了计算的方向。

2008 年 5 月，Sun 在 2008JavaOne 开发者大会上宣布推出"Hydrazine"计划。

2008 年 6 月，EMC 公司中国研发中心启动"道里"可信基础架构联合研究项目。

2008 年 6 月，IBM 宣布成立 IBM 大中华区云计算中心。

2008 年 7 月，HP、Intel 和 Yahoo 联合创建云计算试验台 OpenCirrus。

2008 年 8 月 3 日，美国专利商标局（以下简称"SPTO"）网站信息显示，戴尔正

在申请"云计算"（Cloud Computing）商标，此举旨在加强对这一未来可能重塑技术架构的术语的控制权。戴尔在申请文件中称，云计算是"在数据中心和巨型规模的计算环境中，为他人提供计算机硬件定制制造。"

2008 年 9 月，Google 公司推出 Google Chrome 浏览器，将浏览器彻底融入云计算时代。

2008 年 9 月，甲骨文和亚马逊 AWS 合作，用户可在云中部署甲骨文软件、在云中备份甲骨文数据库。

2008 年 9 月，思杰公布云计算战略，并发布新的思杰云中心（Citrix Cloud Center，C3）产品系列。

2008 年 10 月，微软发布其公共云计算平台——Windows Azure Platform，由此拉开了微软的云计算大幕。

2008 年 12 月，Gartner 披露十大数据中心突破性技术，虚拟化和云计算上榜。

2008 年，亚马逊、Google 和 Flexiscale 的云服务相继发生宕机故障，引发业界对云计算安全的讨论。

2009 年，思科先后发布统一计算系统（UCS）、云计算服务平台，并与 EMC、Vmware 建立虚拟计算环境联盟。

2009 年 1 月，阿里软件在江苏南京建立首个"电子商务云计算中心"。

2009 年 4 月，VMware 推出业界首款云操作系统 VMwarev Sphere4。

2009 年 7 月，中国首个企业云计算平台诞生（中化企业云计算平台）。

2009 年 9 月，VMware 启动 vCloud 计划构建全新云服务。

2009 年 11 月，中国移动云计算平台"大云"计划启动。

2010 年 1 月，HP 和微软联合提供完整的云计算解决方案。

2010 年 1 月，IBM 与松下达成迄今为止全球最大的云计算交易。

2010 年 1 月，Microsoft 正式发布 Microsoft Azure 云平台服务。

2010 年，微软宣布其 90％ 员工将从事云计算及相关工作。

2010 年 4 月，戴尔推出源于 DCS 部门设计的 PowerEdgeC 系列云计算服务器及相关服务。

2011 年 2 月，思科系统正式加入 OpenStack，重点研制 OpenStack 的网络服务。

1.2　云计算的技术分类及优点

1.2.1　云计算的技术分类

1. 按服务对象分类

按服务对象可分为公有云、私有云和混合云。这种分类主要出现在商业领域中。

公有云是服务对象面向公众的云计算服务。企业/机构利用外部云为企业/机构的用户服务，即企业/机构将云服务外包给公共云的提供商，由此来减少构建云计算设施的成本。例如，Amazon、Google、Apps、Windows Azure。

私有云通常由企业/机构自己拥有，私有云特定的云服务功能不会直接对外开放。例如 Ebay。

混合云包含公有云和私有云的混合应用。可以在通过外包减少成本的同时通过私有云保证对敏感数据等部分的控制。混合云在实践中应用较少。

2. 按技术路线分类

按技术路线分类，可分为资源整合型云计算和资源切分型云计算。

资源整合型云计算的云计算系统在技术实现方面大多体现为集群架构，通过整合大量节点的计算资源和存储资源后输出。这类系统通常能构建跨节点弹性化的资源池，分布式计算和存储技术为其核心技术。

资源切分型云计算是目前应用较为广泛的技术。虚拟化系统是最为典型的类型，这类云计算系统运用系统虚拟化对单个服务器资源实现弹性化切分，从而有效地利用服务器资源，虚拟化技术为其核心资源，此技术的优点在于用户的系统可以不进行任何改变接入采用虚拟化技术的云系统，尤其在桌面云计算技术上应用得较为成功，其缺点是跨节点的资源整合成本较高。

3. 按服务模式分类

按服务模式分类可分为基础设施即服务（Infrastructure as a Service，IaaS）、平台即服务（Platform as a Service，PaaS）和软件即服务（Software as a Service，SaaS）。

（1）基础设施即服务

基础设施即服务指用户通过互联网可以从计算机基础设施中获得相应的服务，服务商把多台服务器组成庞大的基础设施来为客户提供服务，这需要网格计算、集群和虚拟化等技术实现。

（2）平台即服务

平台即服务指提供一种软件研发平台的服务，将可以访问的完整或部分应用程序的开发平台提供给用户。

（3）软件即服务

通过互联网把软件作为一种服务提供给用户，用户不需要单独购买想要的软件，而是向服务商租用基于 Web 的软件，进行软件的使用。软件作为一种服务来提供完整可直接使用的应用程序，在平台层以 SOA 方法为主，使用不同的体系应用构架，具体需要用不同的技术支持来得以实现，表示在软件应用层使用 SaaS 模式，如图 1-2 所示。

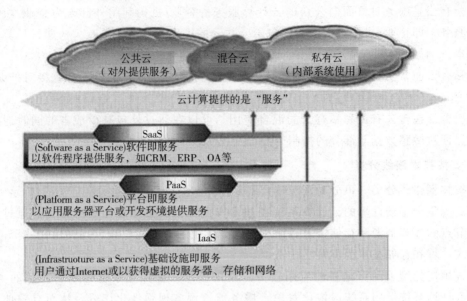

图 1-2 云计算技术分类

1.2.2 云计算技术优点

1. 信息的扩展性

使用云计算技术的用户群体与日俱增，云计算的服务量也在随之逐渐增大，因此在云计算的过程中，用户就可以更方便地在数据库中获得所需要的资源。如果在某一环节出现了安全问题，云计算系统轻松地就能将这节点进行隔离，然后迅速排除安全隐患，等到问题得以解决后，才会将这一节点的信息重新投入使用。

2. 资源的共享性

达到资源共享是云计算运行的目的，同时也是对用户的主要贡献之一。其可以不受地域的限制，即便用户处于世界的另一端，只要被网络覆盖，用户对云数据的需求都能够得到满足。拥有庞大的计算机服务器系统的云计算系统的服务商，它们能够通过网络，建立起一个足够大的平台，然后在这个平台中，用户的计算机或者手机能够获取所需的服务，这样极大地增加了知识和信息的共享性，同时服务商的运营成本也得以降低，真正优化配置了资源。

3. 管理的灵活性

由于不同用户的需求千差万别，云计算技术可以满足用户各种各样不同需求。云计算系统在为用户提供服务之前，对用户的需求应当有所了解，在了解完相应情况以后，根据用户的具体要求来制订服务计划，为用户提供所需的数据、配置相应的能力和应用。在增加或撤销的一些应用上，也可以让用户参与到云计算模式的管理和维护中来，从而了解用户的需求，进而满足用户需求。

4. 较高的性价比

云计算虽然是一项处于高科技领域的新技术，但是其成本投入并不高，而对用户来说，云计算系统也是十分经济的，因为既不需要为云计算系统配置高端的设备，也不需要对系统进行实时的更新，客户只需要对云计算系统的服务商提出自己定制的需求，系统机型的维护由云计算服务商的专业人员进行，这样可以减少用户对云计算的投入，用最少的投入就可以体验最优质的服务。

5. 可靠的服务系统

云计算系统的服务商拥有非常庞大的计算机服务器系统，同时，数据和信息的存储、传递都是在一个虚拟网络平台上进行的。计算机服务器可以做到分工明确，各司其职。目前，云计算系统趋于可靠和稳定，只要某一个服务器出现安全问题，备用服务器会迅速投入到工作中来，来完成问题服务器所进行的任务。云计算技术相比于传统的互联网应用模式，它不仅能够从各个方面确保服务的灵活性、高效性和精确性，还能够为用户带来更完美的网络体验以及为企业创造更多的效益。

1.3　国内外云计算技术的发展状况及供应商

1.3.1　国内外云计算技术的发展状况

云计算可以说是信息时代中生产工具的一次巨大的飞跃，20 世纪 80 年代是个人电脑和局域网的时代，20 世纪 90 年代至今是互联网的时代，而未来则很有可能是云计算的时代。云计算时代的来临，预示着以设备为中心计算模式的终结，以应用互联网为中心的新的计算模式将会取而代之。现有的工作方式和商业信息服务模式等方面也会因此而改变。这对企业来说既是巨大的商机又是挑战，各大企业纷纷高调宣布"入云""建云"等行动。2006 年，亚马逊提出简单存储服务和弹性计算云，这标志着云计算服务开始走向成熟。2008 年，IBM 推出了"蓝云计划"，并提出了"共有云""私有云"等概念，2009 年又发布了基于云端的协作平台 ，2011 年，基于 Power7 指挥系统，Waston Box、Cloud Box、Mason Box 等三个宝盒构建云基础架构。

目前，我国政府将云计算服务正式纳入了采购项目之中，这足以表明我国政府对云计算技术的重视。在我国，政府对 IT 行业投入巨大，而在这部分投入的资金中，云计算系统领域占据了相当大的比例，我国政府重视云计算技术的原因在于希望我国信息产业能够迅速地发展，从而可以更好地为公共事业服务。从全球范围来看，各国政府对云计算技术发展都持支持的态度，比如欧盟、美国、日本等国家都对云计算技术投入了大量的资金，并制定了相关政策，用来增强公共云服务。相比于发达国家政府针对云计算所采取的政策来说，我国在云计算组织架构、行业标准以及制度流程等方面还有待完善，建设力度仍需加大。经过了这些年的发展，我国的云计算市场开始逐步成型，加入云计算技术市场的软件公司、网络企业以及市场调研公司越来越多，并且已经取得了一定的成效。云计算市场处于形成阶段，我国政府对这一行业的干预并不多，而是希望通过适当的市场调控，使其健康发展。而随着云计算市场规模逐步扩大，云计算技术对于社会、经济的影响也日益凸显，越来越多的企业想要进入云计算这一领域，面对这样的市场状况，我国政府对云计算领域的监管力度必须加大，具体包括：对互联网行业进行分门别类；制定相应的管理制度；健全云计算组织结构；制定云计算行业准则；完善其相关流程，等等。

另外，对以发展云计算为理由进行固定资产投资以及圈地等不良做法引起重视。随着云计算技术快速地发展，对计算机硬件设施的要求将会越来越高，同时，为了发展云计算系统，企业必将会增加对相关设备的定制数量。相关数据显示，定制云计算服务器已然占到了全球服务器总量的10%以上。IT制造企业的利润并不会随设施定制数量的增加而增大，相反，可能会吸引其他行业的投资者进入到这一行业。IT制造业面对这样的情况，必须要加强其产品设计能力、压缩生产成本、打造自身品牌。只有这样，才能够对行业发展趋势有所把握，实现长足发展。其次，云计算的发展将会对IT行业商业模式产生重大的影响。传统IT行业的商业模式主要是以实体软件、硬件产品为主，而随着云计算技术的快速发展，这种商业模式开始转变为向用户提供软件、硬件服务，就是利用云计算，通过互联网将用户所需的应用系统传递给用户。Google公司宣称，在未来能够利用云计算技术将所有软件都转移到网络中，然后利用服务来代替软件，未来的云计算技术能够以其强大的信息处理功能，基本上能够帮助用户解决所有问题。这样一来，云计算将会对IT行业的商业模式产生重大的影响，IT行业的经营理念与发展模式也将进行转变。

如今，我国也紧跟国际步伐，现已启动"商用云计算中心""中国云谷""祥云工程"等项目。云计算是时代发展的趋势，真正的云计算是可以去除机子的硬盘存储，完全利用网络硬盘来储存资料。这对于网络带宽的要求很高，国内家庭网络宽带实际上平均只有1M到2M，虽然有的宽带宣称能够达到10M，但基于共享网络技术的宽带传输并不是很稳定，所以目前来说很难实现真正的云计算。但是像日本、韩国、新加坡等国家的网络带宽已经达到独享10M以上的带宽网络。实际上，云计算在我们的生活中已经很常见了，现在所用到的电子商务平台，比如京东、淘宝、唯品会等网站。哪个城市、哪台服务器存储了网店中商品的信息，卖主其实不必关心，只需在家卖货就行了。再比如，视频云计算是专门为广播电视行业处理大批量的音频、视频而精心打造的，基于平台即服务和基础设施即服务的架构方式的云平台。在未来，只需要一台手机或者一个移动终端设备，就可以通过无线网络连接到互联网，通过网络获得所需的一切服务，甚至能够获得只有超级计算机才能完成的服务。对于云计算的这些服务，最终的使用者和受益者是我们的用户。现今用户的使用习惯是目前云计算推广所面临的最大问题。用户已经对计算机的传统使用模式形成了自己的使用习惯，即软件、硬件、网络供应商可以被看成是相互独立的部门，这些相互独立的部门按照国际规定的统一标准能够统一协作。而云计算的出现和发展，将给这些相互独立的部门协作带来更大的挑战，为了让云计算能真正地普及到用户的工作、生活和学习中，首先需要制定大量的国际标准，用以协调软件、硬件和网络之间的互联关系，这些标准相较于现在的协作标准，其制定难度可能要远远加大。

1.3.2　主流云计算供应商

1. Amazon

现如今，Amazon 免费提供 12 个月全球云服务。存储服务器费用、带宽费用、CPU 资源费用以及月租费为 Amazon 云服务的收费项目。月租费类似于电话月租费、存储服务器、带宽根据容量收费，CPU 则根据时长（小时）运算量收费。

Amazon 作为互联网上最大的线上零售商，不仅是第一个互联网云计算提供商也是目前最大的公有云服务提供商，主要为独立开发人员/开发商提供云计算服务平台。

Amazon 公司提供弹性计算云（Elastic Compute Cloud，EC2）服务、简单存储服务、弹性块存储服务、关系型数据库服务和 NoSQL 数据库服务，同时还提供与网络、数据分析、机器学习、物联网、移动服务开发、云管理、云安全等有关的云服务。

Amazon 把自己的云计算平台叫作弹性计算云，用户可以在客户端与 Amazon 的 EC2 内部实例进行交互，用户可以基于 Linux 应用程序的虚拟的集群环境运行。用户能够根据自己的使用状况，选择所使用计算平台实例的付费方式，节省了自行搭建云计算平台所需的设备和维护费用。Amazon 的弹性计算云不仅满足了软件开发人员对集群系统的需求，同时也减少了设备的维护费用。

Amazon 公司目前对云计算的研究仍在不断深化，弹性计算云平台的功能不断扩大，争取为用户提供更多的便利。

2. IBM

IBM Cloud 云服务器，将工作负载移动到高性能的全球云基础架构。IBM 的"蓝云"计算平台，为企业提供可通过 Internet 访问的分布式云计算体系。

"蓝云"计算平台结合了 IBM 的先进技术和原有的软、硬件系统，支持开放标准与开放源代码软件，它的组成部分包括数据中心、应用服务器、部署管理软件、数据库、监控软件和一些开源信息处理和虚拟化软件。集群文件系统和基于块设备方式的存储区域网络组成了"蓝云"的存储体系结构，这两个部分相互协作，为用户提供高质量的可扩展云计算服务。

3. Google

Google 是云计算研究的先行者，它推出的 GAE（Google App Engine）平台允许用户在上面编写程序，并可以在其基础架构上运行，应用运行的一切平台资源都由 GAE 提供，用户无需担心运行时所需的资源问题。GAE 平台是一种典型的云计算

服务。

应用、数据、计算能力和存储空间均向互联网迁移是 Google 云计算的思路。用户能够快速、廉价（免费使用限定的流量和存储）地部署自己开发的应用，如创新的网站、游戏等。

4. 微软

微软进入云计算领域比较晚，它主要强调的是"云端计算"，注重的是云端和终端的均衡。

Microsoft Azure 是微软推出的云计算平台，属于可扩展、虚拟化的托管环境，其主要作用是提供一整套完整的开发、运行和监控的云计算环境，为软件开发人员提供服务接口。Azure 是一种支持互操作的平台，它不仅可以用来创建云中运行的应用还可以基于云的特性来加强现有应用。它开放式的架构给开发者提供了 Web 应用、互联设备的应用、个人电脑、服务器，或者提供最优在线复杂解决方案的选择。

Microsoft Azure 所提供的服务包括 NET Services、Live Services、SQL Services、Microsoft SharePoint Services 以及 Microsoft Dynamics CRM Services。除了 Azure，微软还有针对普通消费者的云服务，如云存储 SkyDrive 以及云端办公软件套件 Office 365。

5. 阿里巴巴

2017 年 1 月，阿里巴巴作为奥运会"云服务"和"电子商务平台服务"的官方合作伙伴，云为奥运会提供了云计算和人工智能技术。2009 年 9 月，阿里巴巴集团成立了新的子公司"阿里云"，该公司专注于云计算领域的研究，旨在依托云计算的架构，提供一整套可扩展、低成本和可靠的基础设施服务，支撑包含电子商务在内的互联网应用的发展，降低进入门槛与成本，并提高效率，因此，阿里巴巴的云计算也叫作电子商务云。

阿里云为转租基础设施（IaaS，也有部分 PaaS）。对并发事务的处理、对事务状态的控制、对交易安全的控制等是阿里云基于电商的技术特长。

成为云计算的全服务提供商是阿里云的定位，其产品致力于提高运维效率，降低 IT 成本，让使用者能够更专注于核心业务开发，主要包括以下几类。

（1）飞天开放技术平台

飞天开放平台（Apsara）由阿里云独立研发，主要负责管理 Linux 集群的物理资源，控制分布式程序运行，并隐藏下层故障恢复和数据冗余等细节，从而将成百上千万的服务器联成一台超级计算机，这台超级计算机以公共服务的方式将存储资源和计算资源提供给用户。

（2）构建在飞天分布式系统之上的云计算基础服务

云服务器（Elastic Compute Service，简称 ECS）：一种简单高效、处理能力可弹性伸缩的云端服务器。

内容分发网络（Content Delivery Network，简称 CDN）：该服务能够将源站内容

分发至全国所有的节点，用户访问网站的响应速度与网站的可用性得到提高，解决网络带宽小、用户访问量大、网点分布不均等问题。

云数据库（Relational Database Service，简称 RDS）：一种即开即用、稳定可靠、可弹性伸缩的在线数据库服务。基于飞天分布式系统和高性能存储，RDS 支持 MySQL、SQLServer、PostgreSQL 和 PPAS（高度兼容 Oracle）引擎，并且提供了容灾、备份、恢复、监控、迁移等方面的全套解决方案。

对象存储（Object Storage Service，简称 OSS）：阿里云对外提供的海量、安全和高可靠的云存储服务，用户的每个文件都是一个 Object。

负载均衡（Server Load Balancing，简称 SLB）：该服务能够通过流量分发，扩展应用系统对外的服务能力，通过消除单点故障提升应用系统的可用性。

（3）域名与网站服务

阿里云旗下的万网域名连续 19 年蝉联域名市场第一位，大约有 1000 万个域名在万维网注册。阿里云不仅提供域名服务，还提供云服务器、云虚拟主机、企业邮箱、建站市场、云解析等服务。

（4）安全服务

阿里云开发了"云盾"来保证云服务器的安全，为用户提供一系列的安全服务。

阿里云云服务器是利用阿里云虚拟化技术，所达到的效果和普通独立服务器一样。CPU、内存、硬盘、IP、带宽等均为独享，享有独立主机的体验，提供多线路接入并且不限流量。用户拥有 root 权限，能够自主控制云服务器，实现远程管理。

6. 百度

百度开放云属于百度提供的公有云平台，于 2015 年正式运营。作为百度 16 年来技术沉淀和资源积累的统一输出平台，百度开放云秉持"用科技力量推动社会创新"的愿景，百度在云计算、大数据、人工智能等方面不断地向社会输出技术能力。

2016 年，百度正式对外发布了"云计算＋大数据＋人工智能"三位一体的云计算战略，推出了 40 余款高性能云计算产品，包括天算、天像、天工三大智能平台，分别提供智能大数据、智能多媒体、智能物联网服务，目标是为社会各个行业提供高安全、高性能、高智能的计算和数据处理服务，让智能云计算成为社会发展的新引擎。

百度开放云是在基础设施上封装服务（PaaS＋SaaS），以充分发挥自身在搜索引擎方面的技术特长，例如分布式计算与海量数据处理。由于搜索引擎需要网站及 App 开放才能爬取到数据，因此从技术上来说搜索引擎天生具备开放基因。百度自身的技术优势则是高超的分布式计算能力，如爬取海量内容或响应并发请求。百度开放云对移动开发者的支持最为完善，并能够对电商相关的开发者提供特殊的云服务，如团购网站的建站服务。

百度开放云提供的服务主要如下。

（1）计算和网络服务

百度开放云主要提供如下计算和网络服务：

云服务器（Baidu Cloud Compute，简称 BCC）。其具有弹性扩展、稳定、安全等

特点。

负载均衡（Baidu Load Balance，简称 BLB）。自动均衡云服务器流量，能够轻松应对业务横向扩展需求，同时助您的业务架构有效避免单点故障，提升可靠性和可用性。

（2）存储和 CDN 服务

百度开放云主要提供如下存储和 CDN 服务：

对象存储（Baidu Object Storage，简称 BOS）：提供稳定、安全、高效以及高扩展的存储服务。

云磁盘（Cloud Disk Service，简称 CDS）。其存储容量大，能够灵活与云服务实现挂载与解绑，高 IO 性能与稳定性。

内容分发网络（Content Delivery Network，简称 CDN）。其将源站内容分发至全国所有节点，提升网站及媒体访问及响应速度，解决网络带宽小，用户访问量大，网络分布不均等问题。

（3）数据库服务

百度开放云主要提供如下数据库服务：

关系型数据库（Relational Database Service，简称 RDS）。采用分离式架构提高数据库的安全性和可靠性，全 SSD 硬盘级 IO 优化使数据库具有超高并发读写性能。同时还提供数据库的全面监控、故障修复、自动备份以及可视化管理。

简单缓存服务（Simple Cache Service，简称 SCS）。它兼容 Memcache/Redis API 访问接口，提供远高于硬盘的响应速度，秒级返回请求结果，完美对应热点数据。

7. 腾讯云平台

腾讯云服务器是高性能高稳定的服务器，可在云中提供弹性可调节的计算容量，不受计算的限制；我们可以根据自己的需求购买自定义配置的机型，在短时间内获取到新服务器，并根据具体的需要使用镜像进行快速地扩容。

腾讯云是基于网络门户推出的云服务平台，其广阔的用户群体和丰富的产品和服务促进了腾讯云的发展。社交数据是腾讯独有的资源，社交传播、社交广告、社交数据挖掘是腾讯云的优势。

腾讯云提供的主要服务如下。

（1）计算和网络服务

云服务器：高性能、高稳定的云虚拟机，使用者可以购买自定义配置的机型，并可提供弹性 Web 服务。

弹性 Web 引擎（Cloud Elastic Engine，简称 CEE）：一种 Web 引擎服务，是一体化的 Web 应用运行环境，可以弹性伸缩，是中小开发者的利器，可提供已部署完成的 PHP、Nginx 等基础 Web 环境，使用者只需要把自己的代码上传就可以轻松地完成 Web 服务的搭建、负载均衡服务。

（2）存储与 CDN 服务

云数据库（Cloud Data Base，简称 CDB）：腾讯云平台提供的面向互联网应用的数

据存储服务。

NoSQL 高速存储：腾讯自主研发的极高性能、内存级、持久化、分布式的 Key-Value 存储服务。NoSQL 高速存储以最终落地存储的标准来设计，拥有数据库级别的访问保障和持续服务能力，解决了内存数据可靠性、分布式及一致性的问题，让海量访问业务的开发变得简单、快捷。

对象存储服务（Cloud Object Service，简称 COS）：腾讯云平台提供的对象存储服务。开发者可以将任意动态或静态生成的数据存放到 COS 上，再通过 HTTP 的方式进行访问。

内容分发网络（Content Delivery Network，简称 CDN）：腾讯 CDN 服务的目标是开发者网站中提供给终端用户的内容（包括文本、图片、脚本等网页对象，以及多媒体文件、软件、文档等可下载的对象）发布到多个数据中心的多台服务器上，用户能够就近取得所需的内容，由此提高用户访问网站的响应速度。CDN 的服务费用比较经济实惠，所有用户每月都可享受 10G 的免费流量，新用户可以免费使用 6 个月，每月再赠送 50G 免费流量。如果免费使用能够满足需求，用户就不需要购买付费流量。

（3）监控与安全服务

云监控：对用户购买的云资源以及基于腾讯云构建的应用系统进行实时监测，监控各种性能指标，了解其系统运行的相关信息并作出实时响应，保证服务正常运行。腾讯云监控也是一个开放式的监控平台，支持用户上报个性化的指标，提供多个维度、多种粒度的实时数据统计以及警告分析，并提供开放式的 API，让用户通过接口也能够获取到监控数据。

云安全：帮助开发商抵抗各种攻击行为的干扰和影响，让用户专注于自己创新业务的发展，减少用户在基础环境安全和业务安全上的投入和成本。

（5）腾讯云分析

一款专业的支持主流智能手机平台的移动应用统计分析工具。开发者可以通过嵌入统计 SDK 方便地实现对移动应用的全面监测，从而实时掌握产品表现，准确洞察用户行为。该工具同时还可以提供业内市场排名趋势、竞品排名监控等情报信息，帮助用户及时了解市场变化情况。

国内三大云计算供应商都提供集合了基础设施云、计算、数据、用户和能力的综合云服务，这种模式可以算作 IaaS（基础设施即服务）；而除了服务器、数据库、软件中间件、带宽、CDN 等基础设施，云供应商往往会增加流量、用户和数据资源等方面的投入，并强化在特有技术、分布式计算、测试、支付、分析等方面的能力，而这些资源和能力是非互联网企业的云服务商难以提供的，此种模式更倾向于 PaaS（平台即服务）或者 SaaS（软件即服务）。

📌 第 2 章 大数据

北京可运用大数据为 2022 年冬奥会的筹备建设提供服务，在冬奥会中有效运用最前沿的大数据技术及管理手段，深刻践行"科技办奥"理念，提升赛事服务保障能力。

从 2008 年奥运会开始，北京就开始尝试运用大数据技术来提高服务能力。在 2012 年伦敦奥运会和 2016 年里约奥运会举办期间，为了提升环境设施智能感知度和观众实时信息获得感都运用了大数据技术。

北京正大力支持大数据、云计算等新一代信息技术发展，思维模式、资源配置方式和社会运行机制也随之发生了变化。在 2022 年冬奥会筹备建设阶段，我们应将互联网、物联网、云计算、大数据、人工智能在内的最先进、最前沿的大数据技术及管理手段有效运用到冬奥场馆、基础设施、生态保护、赛事服务、安全保障等各方面、各环节。

具体来说，北京可利用科技手段，全面实现互联网购票，加强安检通道高清视频数据的实时采集、应急救援车辆的实时位置监控以及移动轨迹数据的动态监控。

北京可运用大数据分析技术来保障赛事服务，安排好运动员有关住宿、医疗、安保、水电气热以及赛事运行风险的精准分析和预测；通过对大数据技术分析购票人数和人员信息的了解，加强对赛事期间每天观赛人数统计、人流量预测、交通和住宿等情况的预测；推动大数据在数字化预案、应急指挥管理、应急资源保障、危险隐患监测、智能"一键式"决策等方面的应用，进而实现 2022 年冬奥会管理精细、运行安全、服务精准。

此外，北京还应加强大数据在反兴奋剂和科学选材中的应用，以此树立正确的导向，避免"小数据"偏差带来的误导。通过大数据技术来进行人才选拔的效率更高且更可靠，大数据能够高效可靠地评估运动员的当前性能，并且为其提供针对性策略来激发其潜能。

资料来源：http：//news.sina.com.cn/o/2018-01-25/doc-ifyqyesy1664512.shtml，有修改。

2.1 大数据简介

随着移动互联网技术、物联网技术及自动数据采集技术等技术的快速发展及广泛应用，人们面临着前所未有的海量数据量，并且数据量呈现爆炸式增长。据相关统计

显示，互联网上的各类数据量以两年翻番的惊人速度递增，每年的增长速度高达50%。

2.1.1　大数据的含义

什么是大数据？通俗来讲，大数据就是大量的数据，但是，众多的数据有何作用，人们如何从大数据中获益呢？

大数据技术的数据主要通过统计、检验、科学实验等方式来获取，被广泛用于技术设计、科学研究、决策及查证的数值。通过全面、准确、系统地测量、收集、记录、分类、存储这些数据，再对其进行严格地统计、分析、检验就能得出一些很有说服力的结论。长期地测量、记录、存储、统计、分析大规模数据，所获得的海量数据就是大数据（Big Data）。

案例与分析

某服装公司经理讲述了他们是如何利用大数据进行预测流行趋势，并从中获益。

对于同一款服装，哪个颜色最畅销，这与服装的销售、生产和库存等都有联系。流行色的衣服可能会备受推崇，很畅销，若生产没有一定的准备，很可能会供不应求，而非流行色的衣服如果生产过多，很可能滞销、积压。服装公司可以利用大数据对去年的流行色进行分析，从而对潮流趋势进行判断。通过对各个颜色的销售情况，对流行色、各年龄段女性消费者青睐的颜色、款式等进行整合分析，合理安排生产流行色的衣服，减少非流行色衣服的生产。事实证明，对大数据的分析可以为公司赢得较高的利润。

分析：大数据时代存在的显著差异有：第一，社会生活的普遍数字化，之前的任何时代所产生数据的规模、复杂性及速度都无法与之比拟；第二，各企业、组织和机构能够借助数据分析技术和工艺实现过去无法实现的精准度、速度和复杂度，从海量复杂的数据中获得前所未有的预见性和洞察力。

大数据产生的基础是技术进步，大数据是运用现有传统数据处理应用和数据库管理工具都难以处理的复杂和大型的数据集，大数据也面临着一些挑战，主要包括搜索、采集、传输、存储、共享、传输、分析和可视化等。

现代企业对大数据需求越来越高的原因是数据中存在有价值的模式和信息，在大数据时代前，我们需要花费大量的时间和成本才能提取这些信息，从大数据中挖掘信息往往需要付出昂贵的代价。而开源软件、云架构及硬件等丰富的资源为我们处理大数据带来了实惠和方便。

小资料

类似于信息学领域中的许多概念，大数据的名称显得比较抽象，到目前为止还没有一个统一的确切定义。维基百科指出：大数据是指利用常用软件工具来获

取、管理和处理数据所耗时间超过可容忍时间的数据集。

IDC 对大数据做出的定义则是：大数据涉及两种及以上的数据形式。能够实时高速地收集超 100TB 数据量；或从小数据开始，但每年数据都会增长 60％以上。IDC 对大数据定义强调了数据的特征，种类多，数据量大，有了一个基本的量化标准。研究机构 Gartner 给了大数据一个描述性定义，用处理信息的某些特征来描述大数据：大数据是依靠新的数据处理模式才能具有更强的流程优化能力、洞察发现力和决策力的多样化、增长率和海量的信息资产。

2.1.2　大数据的特性

大数据的基本特征包括四个方面，即四 V 特性：Variety（数据种类多）、Volume（数据规模大）、Value（数据价值密度低）和 Velocity（数据要求处理速度快）。这些特性是大数据与传统数据的根本区别。大数据并非简单的指海量数据，它不仅强调数据庞大的量，更体现了数据的快速时间特性、数据的复杂形式，以及对数据的处理分析等专业化处理，并且是具备价值信息的获得能力。

1. 数据量大

根据 IDC 的定义至少要有超过 100TB 的可供分析的数据才能称得上是大数据，可见，大数据的数据量是非常庞大的，这也是大数据的基本属性。随着互联网的深入发展，参与的机构、组织、企业和个人激增，数据的分享与获取变得更加便捷，加上计算机技术的快速发展，使得海量的数据得以快速储存与处理成为可能，大数据由此产生。随着应用的发展，数据的需求维度越来越高，描述相同事物所需的数据量也越来越大。比如网络数据，早期的网络数据以一维的音频和文本为主，单位数据量小，且维度比较低。随着多媒体技术的快速发展，图像和视频等二维数据快速发展，随着 Kinect 以及三维扫描设备等动作捕捉设备的出现，数据量必然呈现爆炸式增长，与此同时，数据的描述能力也在快速增强。

除此之外，数据量大导致人们处理数据的方法和理念需要发生根本的改变。早期，由于人们获取、分析数据的能力对事物的认知存在一定的局限，通常采用抽样的样式来研究实务对象，利用具有代表性的样本来反映事物的全貌。无论事物如何繁杂，采样后数据量变小，就能够利用传统的统计手段对数据进行管理和分析，当中最为核心的问题就如何做到正确抽样，只有正确抽样，数据才具备代表性，分析的结果才能准确反映整体的属性。随着信息技术的快速发展，抽样往往难以做到科学合理，一些领域更是无法以样本来描述总体，而还有一些领域的抽样样本数量已经逼近原始的总体数量。因此，当前更倾向于对所有数据进行集中处理而不是采样。通过对所有的数据进行分析处理，可以有效提高结果的精确性，也能通过更多细节来反映事物的属性，这就使得人们不得不面临着对大数据进行处理。

2. 数据类型多样

除了数据量大，大数据还具备数据类型繁多，复杂多变的特性。过去，面对庞大的数据，通常采用结构化数据的处理方式，利用结构化数据将事物进行抽象，以便计算机存储、查询和处理。结构化数据往往只是抽取信息中对一些在特定情况下有用的信息，而对于不重要的细节则不用处理。结构化数据的处理，需要先定义好数据的属性，将对应的数据储存在指定的位置，以便后期查询和处理，即使有新增加的数据，往往也不需要更改数据结构与属性，当然，计算机的存储空间和运算速度会影响到数据的处理能力。这种传统数据的处理方式，强调大众化、关注结构化信息、标准化的属性，它的复杂程度一般呈线性增长，可以通过常规的技术手段处理新增加的数据。而随着传感器与互联网络的快速发展，人们开始非结构化数据的使用与处理，非结构化数据开始大量出现，但其缺乏统一的结构属性，而不能用表结构来表示，因此需要用到存储数据的结构来记录数据数值，这无疑增加了数据存储和处理的难度。事实上，人们在互联网中使用的数据以非结构化的数据为主，如上传下载视频和照片等数据，此外，工作、生活中还有许多半结构化、非结构化数据，这种由结构化数据逐渐转化为半结构化和非结构数据往往规模庞大、种类多样、比较复杂。据统计，非结构化数据量已超过数据总量的 75%，且非结构化数据的增长速度比结构化数据快 10 倍到 50 倍。在数据激增的同时，新的数据类型层出不穷，已经很难用一种或几种规定的模式来表述日趋复杂、多样的数据形式，当下的数据已经不能用传统的数据库表格来整齐地排列、表示。大数据正是在这样的背景下产生的，大数据与传统数据在处理上最大的不同就是重点关注非结构化信息，大数据强调小众化，包含了大量细节信息的非结构化数据，其体验化的特性使得传统的数据处理方式面临巨大的挑战。

3. 数据处理速度快

大数据区别于传统海量数据处理的重要特性之一是处理数据的速度更快。随着各种传感器和互联网络等信息获取、传播技术的飞速发展普及，数据的产生和传递变得越来越简单，产生数据的途径增多，个人甚至成为了数据产生的主体之一，数据呈爆炸的形式快速增长，新数据不断涌现，快速增长的数据量对数据处理的速度提出更高要求，只有加快处理数据的速度，大量的数据才能得到有效的利用，否则不断激增的数据不但无法为解决问题带来优势，反而成为其负担。同时，数据并不是静态的，而是在互联网络中不断流动，且通常这样的数据其价值会随着时间的推移而发生编号，如果数据没有得到有效的处理，就会失去其应有的价值，海量数据就会失去意义。除此之外，许多应用要求能够实时处理新增的大量数据，比如存在大量在线交互的电子商务应用，对时效性的要求就很高，大数据以数据流的形式产生、快速流动、迅速消失，且数据流量通常不是平稳的，会在某些特定的时段突然激增，数据的涌现特征明显，而用户对于数据的响应时间通常非常敏感，心理学实验证实，从用户体验的角度来看，瞬间（Moment，3 秒钟）是客户能够容忍的最大极限，对于大数据应用而言，大多数情况下都必须要在 1 秒钟或者瞬间内形成结果，否则处理结果就是过时和无效

的，这种情况下，大数据必须能够做到快速、持续的实时处理。大数据与传统海量数据处理技术的关键差别之一，对不断激增的海量数据的实时处理要求。

以大数据为背景，数据的采集、分析、处理与传统方式存在很大差异。

（1）数据采集密度：传统时代，受实际条件的限制，我们所采集的数据有限；在大数据时代，在大数据处理平台的支持下，我们可以对所分析事件的数据进行更加详细地采样，从而精确地获取事件的所有数据。

（2）数据源：传统时代，获取数据多来自各个单一的数据源，获取的数据较为孤立，不同数据源之间的数据整合难度较大；在大数据时代，对多个数据源获取的数据进行整合处理可以运用分布式计算、分布式文件系统、分布式数据库等技术。

（3）数据处理方式：传统时代，对数据的处理大部分使用离线处理的方式，对已经生成的数据集中进行分析处理，对实时产生的数据无法进行分析；在大数据时代，我们对数据的处理方式变得更加灵活，可以按照应用的实际需求展开，对于数据源较大、响应时间要求较低的应用采取批处理的方式进行集中计算，而对于响应时间要求高的实时数据处理则采用流处理的方式进行实时计算，并且能够利用对历史数据的分析进行预测分析。

 扩展学习

大数据会撼动国家竞争力

目前，制造业大幅转向发展中国家，各国都争相发展创新行业。工业化国家已经掌握了数据以及大数据技术，所以仍然在全球竞争中占据优势。不幸的是，这个优势难以维持。就如同互联网和计算机技术，随着世界上的其他国家和地区都开始采用这些技术，西方世界在大数据技术上的领先地位将不再明显。对于发达国家的大公司而言，大数据会加剧优胜劣汰。如果一个公司掌握了大数据并能够充分挖掘和利用其巨大的价值，它不但更有可能超过其竞争对手，还有可能遥遥领先。

大数据会促进我国产业升级

产业升级，包括调整第一、二、三产业占国民生产总值的比重以及调整产业的效率。产业升级的一个很重要的手段就是将传统工厂转换为高科技技术产业。在互联网和移动终端技术快速发展的今天，我们能够看到，一些传统餐饮行业、打车行业、零售业、纸质传媒业等所谓的夕阳产业，都因为技术的进步而一跃成为了炙手可热的产业。大数据技术的开发，一定又会让一批传统企业散发新的活力，从而提高产业效率，促进产业发展。

大数据代表的是一种整合的力量

一方面，在我国，只有少部分的大企业有能力并且有意愿去开拓大数据技术，大数据的推广必须靠政府主导才能完成。另一方面，只有数据覆盖规模达到一定的程度，大数据才能发挥作用。因此，大数据的推广其实是一个整合现有行业、促进产业升级的武器。只要好好利用大数据推广，我们就可以实现产业的升级，从而保持经济的快速增长。

在大数据时代，对中国信息产业跨越式发展主要利益表现为以下两个方面。第一，大数据技术以开源为主，到目前为止，大数据尚未形成绝对技术垄断。即便是IBM、

甲骨文等，也只是集成了开源技术与该公司已有产品而已。开源技术对任何一个国家都是开放的，中国公司同样可以分享开源，但是应该以更加开放的心态和开明的思想正确地对待开源社区。第二，中国的人口和经济规模在一定程度上决定了中国的数据资源规模。为大数据技术的发展提供了演练场。这方面需要政府、学术界、产业界、资本市场四方通力合作，在能够保证国家数据安全的前提下，尽最大可能开放数据资产，促进数据关联应用，释放大数据的巨大价值。

大数据是不可多得的技术创新，甚至有可能开启第四次工业革命。大数据也是我国经济转型、产业升级、竞争力提升的重要武器和抓手。

2.1.3 数据的来源、特点、发展历程和数据处理

1. 数据的来源

大数据的数据从何而来，这些数据是否可靠？大数据的数据来源很多，主要有信息管理系统、网络信息系统、物联网系统和科学实验系统等。

（1）信息管理系统。信息管理系统是企业内部使用的信息系统，包括办公自动化系统、业务管理系统、管理信息系统或决策支持系统、各种泛 ERP 系统或客户关系管理、人力资源管理这样的专职化系统。管理信息系统主要通过用户输入和系统的二次加工的方式生成数据，其生成的数据大多为结构化数据，存储在数据库中。

（2）网络信息系统。网络数据虽然不是最原始的大数据源，但却是使用最为广泛、认可程度最高的大数据源。基于网络运行的信息系统是大数据产生的重要方式，常见的网络信息系统包括电子商务系统、社交网络、社会媒体、搜索引擎等。网络信息系统产生的大数据多为半结构化或无结构化的数据，它主要为小型网络设计，其目标用户群为使用局域网的用户。

（3）物联网系统：物联网系统实际上是一种微型计算机控制系统，它通过射频自动识别、红外感应器、全球定位系统、激光扫描仪、图像感知器等信息设备，按约定的协议，把各种物品与互联网连接起来，进行信息交换和通信，以实现智能化识别、定位、跟踪、监控和管理。

（4）科学实验系统：主要用于学术科学研究，其环境预先设定，数据既可以由真实实验产生也可以通过模拟方式获取仿真。

2. 大数据的发展历程

大数据的发展历程大致可以分为以下几个阶段：

2011 年之前：这个阶段包括技术研发、概念推广、解决方案推广、商业模式尝试。

2012—2017 年：这个阶段包括生态环境完善、行业应用案例增多、用户认可程度提高、基于大数据应用的业务创新加快、数据资产化进程加快。

2018 年之后，未来，大数据解决方案成熟、大数据应用渗透社会各行业、数据驱动决策、信息社会智能化程度大幅提升。

3. 大数据的数据处理

大数据需要处理的数据大小通常超过 PB（1024 TB）或 EB（1024 PB）级，数据的类型繁多。巨大的数据量和种类繁多的数据类型成为大数据系统的存储和计算的巨大挑战，单节点的存储容量和计算能力成为瓶颈。

对大数据进行处理的基本方法是分布式系统，其将数据切分后存储到多个节点上，并在多个节点上发起计算，由此解决单节点的存储和计算瓶颈。随机方法、哈希方法和区间方法为常见的数据切分方法，随机方法在不同的节点上随机分布数据，哈希方法根据数据的某一行或者某一列的哈希值在不同的节点分布数据，区间方法将不同的数据按照不同区间在不同节点进行分布。

大数据包括结构化、半结构化和非结构化数据，非结构化数据越来越成为主流数据。要系统地理解大数据结构，可以从理论、实践和技术三个层面展开，如图 2-1 所示。

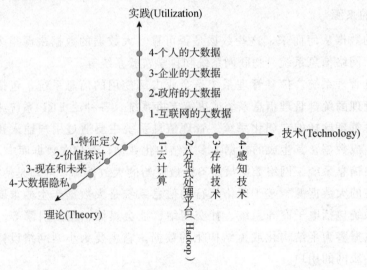

图 2-1　大数据结构

2.1.4　大数据要解决的核心问题

与传统海量数据的处理流程相类似，大数据的处理也包括获取与特定的应用相关的有用数据，并将数据聚合成便于存储、分析、查询的形式；分析数据的相关性，得出相关属性；采用合适的方式将数据分析的结果展示出来等过程。大数据所解决的核心问题与相应的这些步骤相关。

1. 获取有用数据

通常认为，大数据要处理的对象是数据，大数据技术流程应该从对数据的分析开始。但实际上，规模巨大、种类繁多，包含大量信息的数据是大数据的基础，数据本身的优劣对分析结果有很大的影响，有一种观点认为，数据数量可以弥补数据质量的缺陷，允许错误的数据进入系统，参与分析。大量数据中包含少量的错误数据其产生的影响不大。事实上如果

不加约束，大量错误数据涌入就可能得出完全错误的结果。正是数据获取技术的进步促成了大数据的兴起，大数据应该重视数据的获取，由于通过简单的算法能够处理大量的数据并得出相关的结果，那么解决问题的关键在于如何获取有效的数据。

数据的产生技术由被动转为主动再到自动三个阶段，早期的数据是人们基于分析特定问题的需要，通过采样、抽象等方法记录产生的数据；随着互联网特别是社交网络的发展，在网络上传递发布信息的人越来越多，主动产生数据；而传感器技术的广泛应用使得利用传感器网络可以不用人为控制，全天候地自动获取数据。其中自动、主动数据的大量涌现，构成了大数据的主要来源。对于实际应用来说，也并不是说数据越多越好，获取大量数据的目的是尽可能正确、详尽地描述事物的属性，对于特定的应用数据必须包含有用的信息，拥有包含足够信息的有效数据才是大数据的关键。有了原始数据，要从数据中抽取有效的信息，将这些数据以某种形式聚集起来，此类工作对于结构化数据来说相对简单。而大数据通常处理的是非结构化数据，数据种类繁多，构成复杂，需要根据特定应用的需求，从数据中抽取相关的有效数据，同时剔除可能影响判断的错误数据和无关数据。

2. 数据分析

大数据处理的关键是数据分析，大量的数据本身并不存在实际意义，只有针对特定的应用来分析这些数据，使之转化成有用的结果，海量的数据才能发挥其作用。数据是广泛可用的，所缺乏的是从数据中提取知识的能力，当前，对非结构化数据的分析仍缺乏快速、高效的手段，一方面是数据产生和更新的速度很快，另一方面是大量的非结构化数据无法得到有效的分析，大数据的前途取决于从大量未开发的数据进行分析从中提取价值，据 IDC 统计：2012 年，若经过标记和分析，数据总量中应该有23％将成为有效数据，大约为 643EB；但实际上只有 3％的潜在有效数据被标记，大量的有效数据无法发挥其自身价值。预计到 2020 年，若经过标记和分析，将有 33％（13 000EB）的数据成为有效数据，具备大数据价值。价值被隐藏起来的数据量和价值被真正挖掘出来的数据量之间的差距巨大，产生了大数据鸿沟，大数据的核心技术之一是对多种数据类型构成的异构数据集进行交叉分析。此外，大数据中的一类重要应用是利用海量的数据，通过运算分析事物的相关性，进而预测事物的发展。与只记录过去、关注状态、简单生成报表的传统数据不同，大数据不是静态数据，而是在不断更新和流动中，不仅仅记录过去，更反映未来发展的趋势。过去，小规模的数据量限制了发现问题的能力，而现在，随着数据的不断积累，通过简单的统计学方法就可能找到数据的相关性，找到事物发生的规律，指导人们进行更好地决策。

3. 数据显示

数据显示是将以可见或可读形式输出数据经过分析后得到的结果，以方便用户获取相关信息。对于传统的结构化数据，可以采用数据值直接显示、数据表显示、各种统计图形显示等形式来表示数据，而大数据处理的非结构化数据，种类繁多，关系复杂，传统的显示方法通常难以表现，大量的数据表、繁乱的关系图可能使用户感到迷茫，甚至可能误导用户。

计算机图形学和图像处理的可视计算技术成为大数据显示的重要手段之一，将数据转换成图形或图像，用三维形体来表示复杂的信息，直接对具有形体的信息进行操作，更加直观，有利于用户对信息的理解。若采用立体显示技术，则能够提供符合立体视觉原理的绘制效果，表现力更为丰富。对于传统的数据表示方式，图表、数据通常是二维的，用户与计算机交互容易，而通过三维表现的数据，通常因为数据过于复杂，难以定位而交互困难，可以通过最近兴起的动作捕捉技术，获取用户的动作，将用户与数据融合在一起，使用户直接与绘制结果交互，便于用户认识、理解数据。数据显示的目标是准确、方便地向用户传递有效信息，可以根据具体应用需要来选择显示方法。

4. 实时处理数据的能力

大数据需要充分、及时地从大量复杂的数据中获取有意义的信息，找出规律。数据处理的实时性是大数据区别于传统数据处理技术的重要差别之一。一般而言，传统的数据处理应用并没有对时间提出高要求。运行 1～2 天获得结果也能够让客户接受。而大数据领域相当大的一部分应用需要在 1 秒钟内或瞬间内得到结果，否则相关的处理结果就是过时的、无效的。先存储后处理的批处理模式通常无法满足需求，需要对数据进行流处理。由于这些数据的价值会随着时间的推移不断减少，此类数据处理的关键为实时性。而数据规模巨大、种类繁多、结构复杂，使得大数据的实时处理极富挑战性。数据的实时处理要求实时获取数据，实时分析数据，实时绘制数据，任何一个环节出现问题都会影响系统的实时性。当前，互联网络以及各种传感器快速普及，实时获取数据难度不大；实时分析大规模复杂数据是系统的瓶颈，也是大数据领域亟待解决的核心问题；数据的实时绘制是可视计算领域的热点问题，CPU 以及分布式并行计算的飞速发展使得复杂数据的实时绘制成为可能，同时数据的绘制可以根据实际应用和硬件条件选择合适的绘制方式。

2.2　主要的大数据处理系统

大数据处理的数据源类型种类繁多，这里我们主要介绍数据查询分析计算系统、批处理系统、流式计算系统、迭代计算系统、图计算系统和内存计算系统。

2.2.1　数据查询分析计算系统

大数据时代，对大规模数据进行实时或准实时查询的能力是数据查询分析计算系统所具备的，传统关系型数据库的承载和处理能力已经不再适应当前数据规模的增长。目前主要的数据查询分析计算系统包括 HBase、Hive、Cassandra、Dremel 等。

1. HBase

HBase 是一个构建在 HDFS 上的分布式的、面向列的开源数据库，是 Apache Hadoop

项目之一，它实现了其中的压缩算法、内存操作和布隆过滤器。HBase 主要用于海量结构化数据存储，其编程语言为 Java。HBase 的表能够作为 MapReduce 任务的输入和输出，可以通过 Java API 来存取数据。从逻辑上讲，HBase 将数据按照表、行和列进行存储。

HBase 中，一个表可以有数十亿行，上百万列，有以下几个特点：

（1）无模式。每行都有一个可排序的主键和任意多的列，列能够根据具体需要动态增加，相同表格中不同的行能够有截然不同的列。

（2）面向列。面向列（族）的存储和权限控制，列（族）独立检索。

（3）不密集。对于空（null）的列，并不占用存储空间，表的设计可以非常稀疏。

（4）数据版本多。每个单元中的数据可能出现多个版本，在默认的情况下，版本号可以自动分配，通常情况下是单元格插入时的时间戳。

（5）数据类型单一。HBase 中的数据都是字符串，没有类型。

HBase 协处理器如图 2-2 所示。

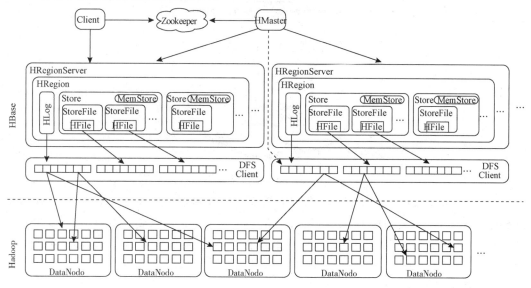

图 2-2　HBase 协处理器

HBase 由 Client、Zookeeper、Master、Region Server 组成。

Client 包含访问 HBase 的接口，并维护 cache 来加快对 HBase 的访问。Zookeeper 能够保证在任何时候，集群中只有一个 Master；存贮所有 Region 的寻址入口；实时监控 Region Server 的上线和下线信息，并实时通知给 Master；存储 HBase 的 Schema 和 Table 元数据。Master 为 Region Server 分配 Region，负责 Region Server 的负载均衡，发现失效的 Region Server 并重新分配其上的 Region；管理用户对 Table 的增删改查操作。Region Server 维护 Region，处理对这些 Region 的 IO 请求，负责切分在运行过程中变得过大的 Region。

2. Hive

Hive 是建立在 Hadoop 上的数据仓库基础构架，用于查询、管理分布式存储中的大数据集，提供完整的 SQL 查询功能，可以将结构化的数据文件映射为一张数据表。

为海量数据做数据挖掘设计了 Hive，Hive 的实时性很差。Hive 提供了一种类 SQL 语言（HiveQL），可以将 SQL 语句转换为 MapReduce 任务运行。

Hive 使用的是 Hadoop 的 HDFS（Hadoop 的分布式文件系统）；Hive 使用的计算模型是 Mapreduce。Hive 很容易扩展自己的存储能力和计算能力，这个是继承 Hadoop 的，Hive 的技术架构如图 2-3 所示。

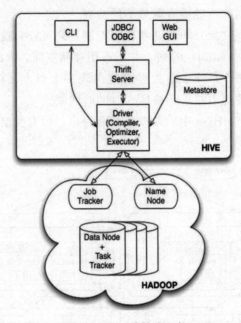

图 2-3　Hive 的技术架构

Hadoop 和 Mapreduce 是 Hive 架构的根基。Hive 架构包括如下组件：CLI（Command Line Interface）、JDBC/ODBC、Thrift Server、WEB GUI、Metastore 和 Driver（Complier、Optimizer 和 Executor），这些组件可以分为服务端组件和客户端组件两大类。

（1）服务端组件

①Driver 组件：该组件包括 Complier、Optimizer 和 Executor，它的作用是将 HiveQL（类 SQL）语句进行解析、编译优化，生成执行计划，然后调用底层的 Mapreduce 计算框。

②Metastore 组件：元数据服务组件，这个组件存储 Hive 的元数据，Hive 的元数据存储在关系数据库里，Hive 支持的关系数据库有 Derby、Mysql。元数据对于 Hive 十分重要，因此 Hive 支持把 Metastore 服务独立出来，安装到远程的服务器集群里，从而解耦 Hive 服务和 Metastore 服务，保证 Hive 运行。

③Thrift 服务：Thrift 是 Facebook 开发的一个软件框架，它用来进行可扩展且跨语言服务的开发，Hive 集成了该服务，能让不同的编程语言调用 Hive 的接口。

（2）客户端组件

①CLI（Command Line Interface）：命令行接口。

②Thrift 客户端：Hive 架构的许多客户端接口都是建立在 Thrift 客户端之上的，包括 JDBC 和 ODBC 接口。

③WEBGUI：Hive 客户端提供了一种通过网页的方式访问 Hive 所提供的服务。这个接口对应 Hive 的 Hwi 组件（Hive Web Interface），使用前要启动 HWI 服务。

3. Cassandra

Cassandra 是一种 NoSQL 数据库，属于混合型的非关系数据库，主要特性有分布式、基于 Column 的结构化和高伸展性。Cassandra 的主要特点就是它并不是一个数据库，而是由一堆数据库节点共同构成的一个分布式网络服务，对 Cassandra 的一个写操作，会被复制到其他节点上去，对 Cassandra 的读操作，也会被路由到某个节点上面去读取。Cassandra 集群没有中心节点，各个节点的地位完全相同。

Cassandra 的系统架构是基于 DHT（分布式哈希表）的完全 P2P 架构。Cassandra 可以几乎无缝地加入或删除节点，对于节点规模变化比较快的应用场景非常适合。Cassandra 的数据会写入多个节点，来保证数据的可靠性，在一致性、可用性和网络分区耐受能力（CAP）的折中问题上，Cassandra 比较灵活，用户在读取时可以根据需求指定所有副本一致（高一致性）、读到一个副本即可（高可用性）或是通过选举来确认多数副本一致即可（折中）。这样，Cassandra 能够适用于有节点和网络失效，以及多数据中心的场景。

4. Impala

由 Cloudera 公司主导开发，是运行在 Hadoop 平台上的开源的大规模并行 SQL 查询引擎。它的最大特点是快速，用户可以使用标准的 SQL 接口的工具查询存储在 Hadoop 的 HDFS 和 HBase 中的 PB 级大数据。

（1）执行计划。Impala 的执行计划是一棵完整的树（DAG），不受任何约束。在这个执行计划中，只有在必要的时候才会出现 Barrier，例如 Group，Top 等。其他计算都属于流式计算。前面算子的计算结果，可以立即被后面算子消耗。

（2）数据流。Impala 采用拖的方式，后续节点主动向前面节点要数据。拖的方式的特点在于，数据可以流式地返回给客户端，只要有 1 条数据被处理完成，就可以立即展现出来。

（3）外存使用。Impala 在遇到内存放不下数据时，则直接返回错误，而不会利用外存。这使得 Impala 目前能处理的 Query 可能受到一定的限制。同时 Impala 在多个阶段之间利用网络传输数据。总的来说，Impala 执行过程中，不会有任何写磁盘操作（除非用户制定 Insert 命令）。

（4）调度。Impala 的调度由自己完成，目前的调度算法会尽量满足数据的局部性，即扫描数据的进程应尽量靠近数据本身所在的物理机器。但目前调度暂时还没有考虑负载均衡的问题。

（5）容错。Impala 中没有建立容错逻辑，一旦执行过程中发生故障，将直接返回错误。当一个 Impalad 失败时，在这个 Impalad 上正在运行的所有 Query 都将失败。但由于 Impalad 是对等的，用户可以向其他 Impalad 提交 Query，不影响服务。

2.2.2　批处理系统

1. MapReduce

分布式并行计算是大数据处理的有效方法，编写正确高效的大规模并行分布式程序是计算机工程领域的难题。并行计算的模型、计算任务分发、计算节点的通讯、计算机结构合并、计算节点的负载均衡、计算机节点容错处理、节点文件的管理等方面都是要考虑的。为了解决以上问题，Google 设计了一个新的抽象模型——MapReduce。使用 MapReduce，程序员只要表述他们想要执行的简单运算即可，对并行计算、容错、数据分布、负载均衡等复杂的细节不需要予以关注。

MapReduce 是使用比较广泛的批处理计算模式。MapReduce 对具有简单数据关系、易于划分的大数据采用"分而治之"的并行处理思想，将数据记录的处理分为 Map 和 Reduce 两个简单的抽象操作，提供了一个统一的并行计算框架。程序员只要按照这个框架的要求，设计 Map 和 Reduce 函数，其他的工作，如分布式存储、节点调度、负载均衡、节点通讯、容错处理和故障恢复都由 MapReduce 框架自动完成，设计的程序有很高的扩展性。

2. Hadoop

Hadoop 和 Spark 是典型的批处理系统。Hadoop 是一个实现了 MapReduce 计算模型的开源分布式并行编程框架，对于大规模集群上的海量数据处理都可以适用。使用 Hadoop 平台，开发人员可以无需了解底层的分布式细节，就可开发出分布式程序，在集群中对大数据进行存储、分析。

3. Spark

Spark 是一个快速且通用的集群计算平台。由加州伯克利大学 AMP 实验室开发，适合用于机器学习、数据挖掘等迭代运算较多的计算任务。Spark 引入了内存计算的概念，运行 Spark 时服务器可以将中间数据存储在 RAM 内存中，大大加速数据分析结果的返回速度，很多任务能够秒级完成。Spark 包含之前很多独立的、分布式系统所拥有的功能，能够高效地支持更多类型的计算，包括迭代式计算、交互式查询和流处理等，可用于需要互动分析的场景。

2.2.3　流式计算系统

流式计算无需先存储，可以直接进行数据计算，实时性要求很严格，但数据的精确度要求稍微宽松。流式计算具有很强的实时性，数据延迟往往更短，需要对应用源源不断产生的数据实施处理，这样才不易造成数据的积压和丢失，常用于处理电信、电力等行业应用以及互联网行业的访问日志等。2011 年，Twitter 推出 Storm 流式计算系统，在很大程度上推动了大数据流式计算技术的发展和应用。

Facebook 的 Scribe、Apache 的 Flume、Twitter 的 Storm、Yahoo 的 S4、UCBerkeley 的 Spark Streaming 是常见的流式计算系统。

在物联网领域中，大数据流式计算可以应用于智能交通、环境监控等典型的应用场景。

智能交通：通过传感器实时感知车辆、道路的状态，并分析和预测一定范围、一段时间内的道路流量情况，以便有效地进行分流、调度和指挥，适当缓解交通拥堵。

环境监控：通过传感器和移动终端，对一个地区的环境综合指标进行实时监控、远程查看、智能联动、远程控制，系统地解决综合环境问题。

1. Scribe

Scribe 由 Facebook 开发开源系统，用于从海量服务器实时收集日志信息，对日志信息进行实时的统计分析处理，应用在 Facebook 内部。

容错性好。当后端的存储系统 crash 时，Scribe 会将数据写到本地磁盘上，直到存储系统恢复正常后，Scribe 将日志重新加载到存储系统中。

Scribe 主要包括三部分，分别为 Scribe agent，Scribe 和存储系统，其架构如图 2-4 所示。

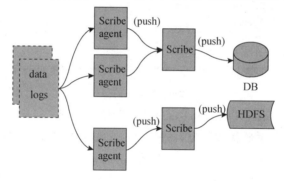

图 2-4　Scribe 的架构

（1）Scribe agent

向 Scribe 发送数据的唯一方法是使用 Thrift Client，Scribe 内部定义了一个 Thrift 接口，用户使用该接口将数据发送给 Server。

（2）Scribe

Scribe 接收到 Thrift Client 发送过来的数据，根据配置文件，将不同 Topic 的数据发送给不同的对象。Scribe 提供了各种各样的 Store，如 File，HDFS 等，Scribe 可将数据加载到这些 Store 中。

（3）存储系统

当前 Scribe 支持非常多的 Store，包括 File（文件），Buffer（双层存储，一个主储存，一个副存储），Network（另一个 Scribe 服务器），Bucket（包含多个 Store，通过 Hash 将数据存到不同 Store 中），Null（忽略数据），Thriftfile（写到一个 Thrift TFileTransport 文件中）和 Multi（把数据同时存放到不同 Store 中）。

2. Flume

Flume 由 Cloudera 公司开发，主要用于实时收集在海量节点上产生的日志信息，存储到类似于 HDFS 的网络文件系统中，并根据用户的需求进行相应的数据分析。Flume 内置的各种组件完备，用户几乎不需要任何额外开发就可以使用。

架构如图 2-5 所示。

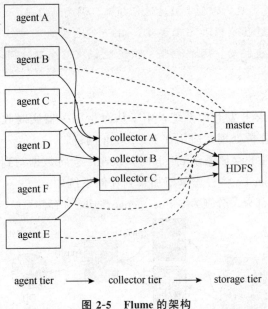

图 2-5　Flume 的架构

Agent 主要由：Source、Channel、Sink 三个组件组成。

Source：从数据发生器接收数据，并将接收的数据以 Flume 的 event 格式传递给一个或者多个通道 Channal。比如 Avro，Thrift，twitter 等，都是 Flume 可以提供的数据接收方式。

Channal：Channal 是一种短暂的存储容器，它将从 Source 处接收到的 Event 格式的数据缓存起来，直到它们被 Sinks 消费掉。它在 Source 和 Sink 间起着链接的作用。Channal 支持的类型有：JDBC channal，File System channel，Memort channal 等。

Sink：Sink 将数据存储到集中存储器，比如 Hbase 和 HDFS，它从 Channals 消费数据（events）并将其传递给目标地，如其他 sink，也可能 HDFS，HBase。

3. Storm

基于拓扑的分布式流数据实时计算系统，由 BackType 公司（后被 Twitter 收购）开发，现已经开放源代码，并应用于淘宝、百度、支付宝、Groupon、Facebook 等平台，是主要的流数据计算平台之一。

Storm 可以简单、可靠地处理大量的数据流。它能应用于很多场景，如实时分析、在线机器学习、持续计算等。Storm 支持水平扩展，具有较高容错性，每个消息都能得到快速处理。

Storm 的架构如图 2-6 所示。

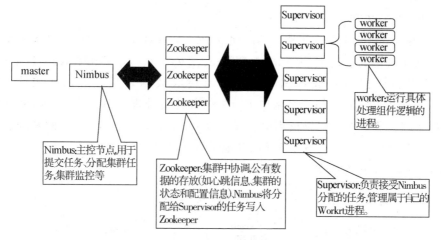

图 2-6　Storm 的架构

Storm 集群主要由一个主节点（Master Node）和一群工作节点（Worker Nodes）组成，通过 Zookeeper 集群进行协调。主节点通常运行一个后台程序——Nimbus，用于响应分布在集群中的节点，分配任务和检测故障。工作节点同样会运行一个后台程序——Supervisor，用于收听工作指派并基于要求运行工作进行。每个工作节点都是 Topology 中一个子集的实现。

4. S4

Simple Scalable Streaming System 简称 S4，是由 Yahoo 开发的一个通用的分布式流计算平台，其优点包括可扩展性良好、具有部分容错能力和可支持插件，开发者可以在这个引擎基础上开发处理应用，该处理应用的特点包括面向无界的、不间断的流数据，S4 是重要的大数据计算平台。图 2-7 为 S4 通讯结构图。目前，广告点击、搜索统计、消息通信等是 S4 的主要应用方向。

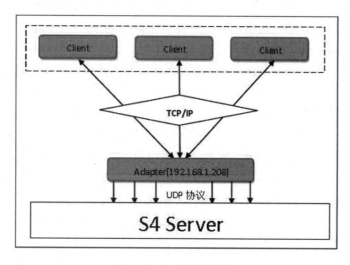

图 2-7　S4 通讯结构图

5. Spark Streaming

Spark Streaming 是 Spark 核心 API 的扩展，可以对高吞吐量的、具备容错机制的实时流数据实现处理。支持从 Kafk、Flume、Twitter、ZeroMQ、Kinesis 以及 TCP Sockets 等多种数据源获取数据，从数据源获取数据之后，可以使用诸如 Map、Reduce、Join 和 Window 等高级函数进行复杂算法的处理。最后还可以将处理结果存储到文件系统、数据库和现场仪表盘。在 "One Stack rule them all" 的基础上，还可以使用 Spark 中集群学习、图计算等的其他子框架来处理流数据。

Spark Streaming 架构如图 2-8 所示。

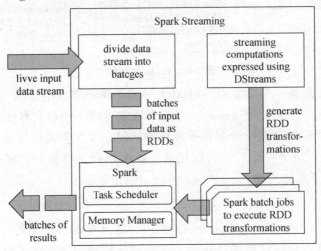

图 2-8 Spark Streaming 架构

Spark Streaming 在内部的处理机制是：接收实时流的数据，并根据一定的时间间隔拆分成一批批的数据，然后通过 Spark Engine 处理这些批数据，最终得到处理后的一批批结果数据。对应的批数据，在 Spark 内核对应一个 RDD 实例，因此，对应流数据的 DStream 可以看成是一组 RDDs，即 RDD 的一个序列。

Spark Streaming 可以在一个短暂的时间窗口里面处理多条（Batches）Event。因此有一定的时延。Spark Strreaming 的容错为有状态的计算提供了更好的支持。

2.2.4 图计算系统

大数据一般都以大规模或网络的形式呈现在我们面前，例如表达人与人之间关系的有社交网络，搜索引擎需要对网页与网页之间的关系进行计算，常常把非图结构的大数据转换为图模型后再进行处理分析。常用的图计算系统有 Google 公司的 Pregel、Pregel 的开源版本 Giraph、微软的 Trinity 和 Berkeley AMPLab 的 GraphX 等。

1. Pregel

Pregel 是 Google 公司开发的一种面向图数据计算的分布式编程框架，采用迭代的计算模型。Google 的数据计算任务中，约 20% 位图数据的计算任务，采用 Pregel 进行处理。它通常在由多台廉价服务器构成的集群上运行。将一个图计算任务分解到多台机器上同时执行。任务执行过程中，本地磁盘会对临时文件进行保存，分布式文件系统或数据库中会对持久化的数据进行保存。

2. Giraph

一个迭代式图处理系统，最早由雅虎公司借鉴 Pregel 系统开发，后捐赠给 Apache 软件基金会，成为开源的图计算系统。Giraph 是基于 Hadoop 建立的，因此需要考虑 Hadoop 的兼容性。Giraph 在 Facebook 的脸谱搜索服务中被大量使用。

Giraph 计算输入的是由点和直连的边组成的图。例如，点可以表示人，边可以表示朋友请求。每个顶点和每个边都保存一个值。输入不仅取决于图的拓扑逻辑，也包括定点和边的初始值。

3. Trinity

降低海量数据存储和计算系统的建设成本以及提高处理效能、扩展性，平衡各新建系统的安全及访问的便捷性是 Trinity 的最初的想法。

4. GraphX

GraphX 由 AMPLab 开发，运行在数据并行的 Spark 平台上的图数据计算系统。

GraphX 的核心抽象是 Resilient Distributed Property Graph，一种点和边都带属性的有向多重图。它扩展了 Spark RDD 的抽象，有 Table 和 Graph 两种视图，而只需要一份物理存储。两种视图都有自己独有的操作符，从而获得了灵活操作和执行效率。GraphX 的代码非常简洁。

2.2.5 内存计算系统

内存计算是指 CPU 不用从硬盘上读取数据，只要直接从硬盘上读取数据，并进行计算和分析，这加速了对传统数据的处理。目前常用的内存计算系统主要有分布式内存计算系统 Spark、全内存式分布式数据库系统 HANA、Google 的可扩展交互式查询系统 Dremel。内存计算非常擅长于处理海量数据，和需要实时获得结果的数据，比如可以将一个企业近 10 年所有的财务、营销和市场等方面的数据一次性地保存在内存里，并在此基础上进行数据分析。当企业需要做快速的账务分析或要对市场进行具体分析时，内存计算就能够快速地按照需求完成处理。

1. Dremel

Dremel 是一个大规模系统，它的数据模型起源于分布式系统的应用环境（Protocol Buffers，在 Google 内被广泛使用）。其数据模型是基于强类型的嵌套记录，Dremel 是 Google 的"交互式"数据分析系统。可以组建成规模上千的集群，对 PB 级别的数据进行处理。

Dremel 是对 MR 交互式查询能力不足的补充。它需要和数据运行在一起，将计算移动到数据上面。因此它需要诸如 GFS 这样的文件系统作为存储层。在设计之初，

Dremel 只是用于执行快速分析，在使用的时候，常常用它来处理 MapReduce 的结果集或者用来建立分析原型。

Dremel 是嵌套（Nested）的数据模型。互联网常常是非关系型数据。Dremel 还需要有一个灵活的数据模型，这个数据模型有着至关重要的作用。Dremel 能够支持一个嵌套（Nested）的数据模型。

Dremel 中的数据是用列式存储的。使用列式存储和分析的时候，只需要对相应的数据进行扫描，无需对全部数据进行扫描，这样可以减少 CPU 和磁盘的访问量。同时列式存储是压缩友好的，使用压缩，可以综合 CPU 和磁盘，将其效能发挥到最大。但是对于嵌套（Nested）的结构，列存储也可以在 Dremel 中得到运用。

Dremel 综合了 Web 搜索和并行 DBMS 技术的优点。首先，它借鉴了 Web 搜索中的"查询树"的概念，将一个规模相对巨大和复杂的查询，分解成规模相对较小和简单的查询。其次，和并行 DBMS 类似，Dremel 可以提供了一个 SQL-like 的接口。

2. HANA

HANA 是 SAP 公司基于内存技术、面向企业分析性开发的产品。它是硬件、数据库和解决方案的结合体，不需要对数据库调优、索引、缓存和物化视图。

2.3　大数据处理的基本流程

容量巨大和种类繁杂的大数据处理使得企业信息基础设施不得不做出相应的改变。大数据处理的基本流程如图 2-9 所示。

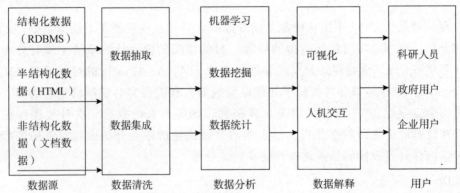

图 2-9　大数据处理的基本流程

1. 数据抽取与集成

由于大数据处理的数据来源类型丰富，利用多个数据库来接收来自客户端的数据，包括企业内部数据库、互联网数据和物联网数据，所以需要从数据中提取关系和实体，经过关联和聚合等操作，按照统一定义的格式对数据进行存储。

用户可以通过上述数据库来进行简单的查询和处理。在大数据的采集过程中，并发数高是其主要的特点和挑战，因为成千上万的用户可能同时来进行访问和操作，比如火车票售票网站和新浪微博，它们并发的访问量在峰值时达到上百万，所以需要在采集端部署大量数据库才能支撑，如何在这些数据库之间进行负载均衡和分片更是需要深入思考和设计的问题。

2. 数据分析

待获取数据后，用户可以根据自己的需求对这些数据进行分析处理，如数据挖掘、机器学习、数据统计等。统计与挖掘主要利用分布式数据库，或者分布式计算集群来对存储于其内的海量数据进行普通的分析和分类汇总等，以满足大多数常见的分析需求。分析涉及的数据量大是统计与分析这部分的主要特点和挑战，统计与分析对系统资源会有极大的占用。数据挖掘一般没有预先设定好的主题，主要是对现有数据进行各种算法的计算，从而起到预测的效果，然后实现高级别数据分析的需求。挖掘大数据价值的关键是数据分析环节。

3. 数据解释

数据处理的结果是大数据处理流程中用户最关心的问题，正确的数据处理结果需要通过合适的展示方式被终端用户正确理解。数据解释的主要技术是可视化和人机交互。

 扩展学习

2015 年 9 月，国务院印发《促进大数据发展行动纲要》（以下简称《纲要》），系统部署大数据发展工作。

《纲要》明确提出，大力推动大数据发展和应用，在未来 5 至 10 年打造精准治理、多方协作的社会治理新模式，建立运行平稳、安全高效的经济运行新机制，构建以人为本、惠及全民的民生服务新体系，开启大众创业、万众创新的创新驱动新格局，培育高端智能、新兴繁荣的产业发展新生态。

《纲要》部署主要有三方面主要任务。一要加快政府数据的开放共享，推动资源整合，提升治理能力。大力推动政府部门数据共享，稳步推动公共数据资源开放，统筹规划大数据基础设施建设，支持宏观调控科学化，推动政府治理精准化，推进商事服务便捷化，促进安全保障高效化，加快民生服务普惠化。二要推动产业创新发展，培育新兴业态，助力经济转型。发展大数据在工业、新兴产业、农业农村等行业领域应用，推动大数据发展与科研创新有机结合，推进基础研究和核心技术攻关，形成大数据产品体系，完善大数据产业链。三要强化安全保障，提高管理水平，促进健康发展。健全大数据安全保障体系，强化安全支撑。

2016 年 3 月 17 日，《中华人民共和国国民经济和社会发展第十三个五年规划纲要》发布，其中第二十七章"实施国家大数据战略"提出：把大数据作为基础性战略资源，全面实施促进大数据发展行动，加快推动数据资源共享开放和开发应用，助力产业转型升级和社会治理创新；具体包括：加快政府数据开放共享、促进大数据产业健康发展。

⮕ 第3章　大数据存储

据第三方权威咨询报告显示，华为全闪存存储市场收入增速位列全球第一。自全闪存存储阵列 OceanStor Dorado V3 上市交付以来，华为全闪存存储产品迎来迅猛增长。

华为存储产品线总裁孟广斌透露，目前华为存储服务全球已经有超过 8000 家客户，面向企业云转型，华为存储将致力于打造数据服务的智能时代，持续用创新技术和专业性做行业的贡献者，借助人工智能（AI）和大数据技术，让客户的业务更便捷。

孟广斌称，华为还计划于 2018 年上半年正式发布新一代全闪存存储 OceanStor F V5 系列以及混合闪存 OceanStor V5 系列，其全面的闪存设计特性将进一步扩充华为闪存存储产品布局，满足客户的多样化需求和应用。

数据显示，越来越多的实时交互应用诸如云计算、在线支付、移动社交等不仅带来了数据的快速膨胀，更对数据中心的存储性能提出了更加严格的要求。闪存对于帮助企业应对数据爆炸式增长和加速关键业务应用有着至关重要的作用。可以预见，全闪存将成为未来主流的数据存储中心，并应用于企业的关键重载业务。

据介绍，面向企业关键重载业务打造 OceanStor Dorado V3 于 2016 年 9 月正式发布，具备高达 400 万 IOPS（每秒读写次数）时仍保持 0.5 毫秒稳定时延的卓越性能，能充分发挥闪存效率，同时具备免网关 HyperMetro 双活方案，保障业务高可用，让关键业务"又快又稳"。

公开数据显示，华为从 2005 年开始研究闪存技术，在闪存领域已经拥有超过 12 年的持续积累，目前业内唯一具备存储操作系统、控制器、SSD 盘（固态硬盘）全自研能力的供应商就是华为，并能够针对闪存进行端到端的深度优化。基于华为全面的产品和解决方案、开放的生态，客户完全可以轻松地享受闪存技术革新带来的业务处理能力。华为 OceanStor Dorado 系列全闪存存储从 2011 年推出至今，已经实现"零事故"纪录。目前，华为全闪存产品已经获得全球重要行业客户的信赖，比如俄罗斯邮政、巴西 Caixa 银行、中国太平洋保险等知名企业。

有关数据显示，2017 年华为存储取得了多项成绩，蝉联 Gartner 通用存储阵列魔力四象限报告领导者位置；华为存储在中国市场实现更具含金量的多项市场第一，包括高端存储第一、软件定义存储第一、NAS 存储第一、金融行业占有率首次第一；权威评测机构 ESG 实验室发布华为 OceanStor Dorado 评测报告，显示该产品完美承载关键核心业务；著名技术分析机构 DCIG 发布的 2016 年至 2017 年高端存储阵列购买指南中，华为高端存储 OceanStor 18000 V3 荣获年度最佳产品，位列 DCIG 推荐排名榜首

资料来源：https://www.sohu.com/a/215500286_118680

3.1　非结构化数据

当下，非结构化数据管理的需求与日俱增，公司、企业和各种组织结构都需要使用大量非结构化数据。然而，什么是非结构化数据？简单来说，文件、图片、视频、语音、邮件和聊天记录等，都是非结构化数据。它是由人工或机器产生但不适于关系模式的数据。

2010 年，IDC 的报告中声称：当前非结构化数据的占比已经超过 80%，而逐渐普及的数字娱乐设备和飞速发展的互联网技术，带动了数字信息的总量迅速增长。其中，视频、音频、图像和文档等非结构化数据更是占了大多数。由于非结构化数据具有形式多样、容量大、来源广、维度多、有价内容密度低、分析意义大等特点，对所有类型的非结构化数据提供高效访问的能力不能仅仅依靠单一的存储系统。当前针对非结构化数据的特点均采用分布式文件系统方式来存储这些数据。

3.1.1　分布式文件系统

1. 分布式文件系统相关资料

分布式文件系统将数据存储在分散的多个存储节点上，然后对这些节点的资源进行统一管理和分配，并将文件系统访问接口提供给用户，主要解决包括本地文件系统在文件大小、文件数量、打开文件数等的限制问题。用户在使用分布式文件系统时，不用区分数据到底是存储在哪个节点上，只需要像使用本地文件系统一样存储和管理文件系统中的数据。目前比较主流的分布式文件系统通常包括主控服务器（或称元数据服务器、名字服务器等，通常会配置备用主控服务器，以便在出故障时接管服务，也可以两个都为主模式）、多个数据服务器（或称存储服务器、存储节点等）以及多个客户端（客户端可以是各种应用服务器，也可以是终端用户）。

网络文件系统（Network File System，NFS）是应用最为广泛的传统分布式文件系统，又叫作远程调用式文件系统（Remote Procedure Call File System，RPC FS）。这是一种逻辑不在本地运行的系统文件，而是在网络上的其他节点运行，使用者通过外部网络将读写文件的信息传递给运行在远端的文件系统，也就是调用远程的文件系统模块，而不是在本地内存中调用文件系统的 API 来进行。相对于 SAN 来说，这种网络文件系统不仅磁盘在远程节点上，文件系统功能也在远程节点上。本地文件系统可以直接通过主板上的导线访问内存从而调用其功能。而网络文件系统只能通过网络适配器上连接的网线而不是主板上的导线来访问远端的文件系统功能。

随着大数据时代的到来，数据处理迅速向并行技术转移，如集群计算和多核心处理器加快了并行应用的开发和广泛使用。并行技术的出现为大多数计算瓶颈提出了解决方案，但却把性能瓶颈转移到了存储 I/O 系统。由于主流计算转向并行技术，存储子系统

也需要转移到并行技术。当较少的客户端访问相对较小的数据集时，NFS 结构工作效果会更好，通过直接连接的存储器能够收到显著的效益（就像本地文件系统一样），也就是说数据可以被多个客户端共同分享，并能够被任何有 NFS 能力的客户端访问。

利用 NFS 安装文件系统，必须满足以下三个条件。

（1）如果计算机需要用 NFS 安装系统，那么就必须通过 TIP/IP 网络进行通信。

（2）如果用户想要安装的文件系统作为本地文件系统，其计算机（服务器）必须使该文件系统可以被安装，安装文件系统的过程叫作输出文件系统。

（3）如果要安装被输出文件系统，其计算机（客户机）必须把该文件系统作为一个 NFS 进行安装。

2. 技术架构

在传统的分布式文件系统中，所有的数据与元数据都存放在一起，通过服务器提供，这种模式一般称为带内管理模式（In-band Mode），目前我们使用的网络管理手段基本上都是带内管理。例如，HP Openview 网络管理软件就是典型的带内管理系统，数据信息和管理信息都是通过网络设备以太网端口进行传送。

由于客户端数目的增加，系统所有的数据传输和元数据处理都要通过服务器，但是单个服务器的处理能力有限，其存储能力也受到磁盘容量的限制，吞吐能力也受到磁盘 I/O 和网络 I/O 的限制。于是一种新的分布式文件系统结构出现了——存储区域网络（Storage Area Network，SAN）。在这种结构中，所有的应用服务器都能够直接访问存储在 SAN 中的数据。但是只有关于文件信息的元数据才会被元数据服务器进行处理，这在一定程度上减少了数据传输的中间环节，提高了传输效率，减轻了元数据服务器的负载。每个元数据服务器可以向不同的应用服务器提供文件系统元数据服务，这种模式一般称为带外模式（Out-of-Band Mode）。通过不同的物理通道传送管理控制信息和数据信息是带外管理的核心理念。

目前分布式文件系统有两大技术架构：一种是元数据服务器中心架构，即元数据服务器负责管理文件系统全局命名空间和文件系统元数据信息。数据最本质、最抽象的定义为：Data About Data（关于数据的数据）。它用于描述要素、数据集或数据集系列的内容、覆盖范围、质量、管理方式、数据的所有者、数据的提供方式等有关的信息。元数据以一种非特定的语言方式来描述在代码中定义的每一类型和成员；另一种是去中心架构，即用户访问的接入点可以是任意的服务器，每个服务器节点负责管理一部分的命名空间及元数据，用户可以通过任意服务器访问文件内容。

3. 关键技术

（1）元数据集群

非对称结构的分布式文件系统由专门的元数据服务器（Meta Data Server，MDS）提供分布式文件系统元数据服务。元数据服务可以由单个或多个服务器负责提供。由于单个服务器的处理能力有限，多个元数据服务器将成为元数据服务的主流系统架构。

①元数据存储需求。从系统的逻辑结构来看，文件系统元数据服务包括提供文件系

统元数据存储的元数据存储服务、提供文件系统元数据访问的元数据请求服务。元数据存储服务是元数据请求服务的基础，通过元数据存储服务完成元数据的存储和访问管理。文件系统元数据服务的基础问题是文件系统元数据存储服务。

存储资源的组织结构提供相关支持，能够有效管理存储资源。只有通过合理的存储资源组织，才能有效地管理和使用系统的存储资源。在大规模系统环境中，存储资源管理和使用的参与者规模非常庞大，需要通过有效的存储资源管理机制管理，避免出现限制系统扩展的瓶颈。存储资源的使用模式是应用有效共享文件系统元数据的保证。只有通过有效的存储资源使用模式支持，存储资源用户之间才能以较低的代价实现元数据的有效共享，提高元数据共享的效率。所以，文件系统元数据存储服务最关键的是如何有效地组织异构的存储资源，加以有效地管理和利用，提供更为强大的扩展能力的存储服务。只有存储服务的关键问题得到了有效解决，为文件系统元数据服务提供具有较强扩展能力的元数据存储服务，为有效解决元数据请求服务的关键问题提供基础，才能有效地提供文件系统元数据服务。

元数据存储服务需要管理的逻辑资源包括索引节点、存放元数据的间接块、目录的数据块等，逻辑元数据资源采用 64 位的逻辑元数据资源号标识，支持文件系统规模的扩展。文件系统逻辑元数据资源访问需要经过"逻辑元数据资源〈——〉逻辑存储资源〈——〉物理存储资源"的映射过程。"逻辑存储资源〈——〉物理存储资源"由存储虚拟化层完成，支持物理存储资源的扩展、逻辑存储资源与物理存储资源的动态映射等。为使用扩展的逻辑存储资源，BWMMS 通过动态分配和动态映射方式完成"逻辑元数据资源〈——〉逻辑存储资源"的映射。逻辑存储资源管理者以批量方式，从逻辑资源提供者获取可用的逻辑存储资源信息。

元数据的动态分配由逻辑资源使用者驱动，逻辑资源使用者通过元数据访问协议，驱动逻辑元数据资源拥有者分配元数据。逻辑元数据资源拥有者从 64 位线性的逻辑元数据资源开始进行分配，并动态建立分配的逻辑元数据资源与逻辑存储资源的映射关系。元数据访问通过动态映射完成物理存储资源的定位。逻辑资源使用者首先从逻辑元数据资源拥有者获得动态建立的逻辑元数据资源与逻辑存储资源的映射关系，然后从逻辑资源提供者获得逻辑存储资源与物理存储资源的映射关系，最后访问物理资源提供者。逻辑元数据资源的释放同样由逻辑资源使用者动态驱动。逻辑元数据资源拥有者将逻辑元数据资源和逻辑存储资源的映射解除，记录可用逻辑元数据资源，将可用逻辑存储资源释放给逻辑存储资源管理者，逻辑存储资源管理者以主动/被动的方式将可用逻辑存储资源释放给逻辑存储资源提供者。为平衡多个逻辑元数据资源管理者之间可用的逻辑元数据资源，逻辑元数据资源拥有者之间通过主动或者被动的方式，交换可用逻辑元数据资源信息。所有的逻辑元数据资源拥有者与其可用逻辑元数据资源交集为空。逻辑元数据资源可以从任意逻辑元数据资源拥有者分配，以及在任意逻辑元数据资源拥有者那里得到释放，资源管理同样也不会出现问题。逻辑存储资源具有同样的性质，这为元数据请求的灵活分布提供了一定基础。

②元数据请求分布管理。元数据请求服务构建在元数据存储服务基础上，响应应用

户的元数据请求。它需要在保证单个元数据请求处理效率的前提下，综合考虑元数据服务器的负载，避免因服务器负载热点而限制元数据服务的扩展。如何在元数据服务器间有效分布元数据请求是元数据请求服务的核心。应用的元数据请求表现出动态变化的特征，元数据请求分布管理的关键是如何满足用户动态的元数据服务需求。

③元数据集群架构。采用主备模式的元数据集群架构如图 3-1 所示，目前 HDFS 和 GFS（Google File System）的做法是，对 Master 节点采用 Secondary 节点同步 Primary 节点数据，用户请求由 Primary 节点处理，当 Primary 节点发生故障时，由 Secondary 节点接管 Primary 节点的工作。

主备模式实现比较简单，但是并没有解决元数据数量的限制问题。

对元数据服务器采用主从（Master/Slave）架构，即服务器集群组成元数据服务节点，其中存在全集管理节点管理整个命名空间和文件系统元数据在服务器节点中的分割。Master/Slave 模式元数据集群架构如图 3-2 所示。

Master/Slave 架构元数据服务器需要一个全局管理节点，负责全局命名空间分割以及全局负载均衡，实现过程比较复杂，负载均衡过程中可能出现大量的数据迁移。

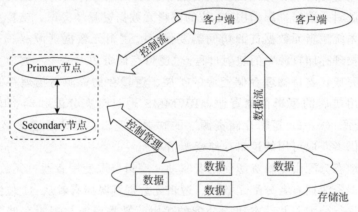

图 3-1　主备模式元数据集群架构

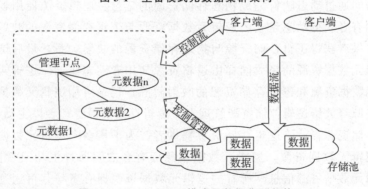

图 3-2　Master/Slave 模式元数据集群架构

对于元数据空间受到限制的情况，还有一种比较简单的解决方案，即由用户负责管理多个挂载点，而每个挂载点仍然采用典型的主备模式元数据集群架构，如图 3-3 所示。采用此种模式在系统实现和维护的开销都会相应减少，但是因为多命名空间的存在而造成信息孤岛的情况则需要由用户来处理。

去中心化的结构管理是一种自管理的架构，即不需要全局管理节点感知文件存储位置，而是使用特定的方法决定文件存储的节点位置，每个服务器都能够对存储的文件数据和相关的文件系统元数据进行管理，如图 3-4 所示。通常采用一致性哈希算法保证数据在存储服务器节点上能够均匀分布。

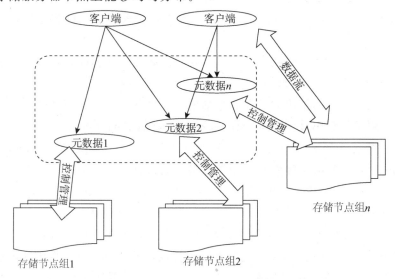

图 3-3　用户管理主备模式元数据集群架构

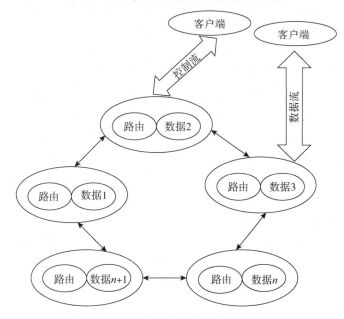

图 3-4　去中心化元数据集群架构

（2）可靠性技术

可靠性是存储系统的重要考量指标，目前的分布式文件系统采用不同的策略来提高系统的可靠性，比较常用的方式有两种：多副本和 EC 编码。多副本模式易于理解，就是将数

据在系统中存储多份完全相同的副本，如 GFS 就是采用了多副本的方式保证可靠性。

根据 Google 目前公布的文档，GFS 主要采用了完全副本备份冗余方式。尽管存储介质成本日益下降，但其对空间明显造成巨大的浪费，这个问题值得我们去深思。

多副本对空间的消耗非常大，存储空间减少意味着机群数量的减少，对于 200% 的空间浪费，哪怕只是减少到 150%，节约的电能也将不容小视。

Google 也看到了这一点，在其下一代 GFS 中，将采用 RAID 和纠删码等方式保证文件的完整性。

存储系统使用 EC 纠删码技术有很多好处，比如能够在相同冗余度的情况下占用较小的存储空间。目前比较典型的应用产品为 EMC Atmos。

Atmos 是 EMC 公司推出的云存储基础架构解决方案，2010 年 2 月发布的 GeoProtect 技术又使用了纠删码技术，为 Atmos 提供了类似 RAID 的数据保护功能，通过在 Atmos 云之间进行编码和分布目标支持三个或六个故障（分别是 33% 和 66% 的存储开销）。纠删码技术使 Atmos 能够减少额外开销，而这种开销是为提高数据存储可靠性产生的。GeoProtect 允许用户通过配置自由选择副本策略或纠删码策略，并能够调整副本的数量和纠删码的冗余度。

Hadoop 分布式文件系统（HDFS）是 GFS 的开源实现，其最初采用三个完全副本备份的冗余方式。HDFS 虽然具有简单高效的特点，但是其 200% 的空间冗余度形成了大量的空间浪费，企业将难以接受，尤其是一些小企业更加无法承受。最近的 HDFS 采用了全新的 DiskReduce 方法，即将 RAID 技术代替完全副本方式实现数据冗余。

DiskReduce 的基本原则不仅能够实现其功能，而且只对 HDFS 进行最低程度的修改。其利用了 HDFS 的两个重要特征：①文件写入后不修改；②一个文件的数据块在初始时都是三个副本。当文件提交和备份时，对 HDFS 没有修改，都在后台对写入数据进行处理，不同的是 HDFS 后台程序在不断查找副本不足的数据块，而 DiskReduce 则是将占据高开销的数据块转化为低开销的数据块，比如采用 RAID 编码进行空间上的压缩。在对数据块编码完成之前，暂时不会删除多余的完全副本。在空间允许的情况下，DiskReduce 可以推迟编码。

将文件的三个副本分别放入不同的三个数据节点之后，DiskReduce 保留空间剩余量相对最大的节点作为编码后的数据存储节点，而将其他两个节点的数据删除。

DiskReduce 采用了两种 RAID 编码方式。

①RAID5，并做一个镜像。在每一个 RAID 中，允许坏掉一个硬盘，其冗余度是 $n+1/n$。

②RAID6。在 RAID 中，允许坏掉两个硬盘，其冗余度是 $2/n$。

（3）重复数据删除

重复数据删除是一种级别较高的数据无损压缩技术，主要用于减少存储系统中所需要存储的数据量。在备份归档存储系统中，重复数据删除技术能够达到 20:1 甚至更高的数据压缩率。数据存储量的显著减少降低了对存储空间的需求，同时也降低了存储设备的购买成本以及物理存储资源的管理成本和维护成本。从存储权威分析机构

ESG（Enterprise Storage Group）实验室的测试结果可知，利用重复数据删除技术基本上能实现 10～20 倍的容量压缩率。

总之，重复数据删除技术利用文件系统中各个文件之间的相同或相似性，其处理粒度可以是文件、数据块、字节甚至位。处理粒度越小，就会删除越多的冗余数据，同时减少的存储容量也会更大，但是，相应的计算开销也会随之增多。重复数据删除的主要作用如下。

①大量节约存储空间。重复数据删除技术极大地提高了存储系统的空间利用率，节省了存储系统的硬件成本。

②减少冗余数据传输。在网络存储系统中，重复数据删除技术可以减少重复数据的网络传输，节省网络带宽。

③广域网环境下，消除冗余数据传输量的好处会更加明显，也有利于实现远程备份或容灾。

④帮助用户节约时间和减少成本支出。主要体现在加快数据备份、恢复速率和节省存储设备上，能够得到很高的性价比。

（4）文件系统访问接口

数据访问是存储系统的重要组成部分，包括数据访问的接口定义以及具体的实现技术。标准的访问接口能够屏蔽存储系统间的异构性，应用能够统一访问不同存储系统，同时提高存储系统的适用性和兼容性，以支持更多的应用。

可移植的操作系统接口（Portable Operating System Interface of UNIX，POSIX）由 IEEE 发起并由 ANSI 和 ISO 进行了标准化。其目的是提高应用程序在各种 UNIX 执行环境之间的可移植性，即保证符合 POSIX 标准的应用程序在重新编译后能够在任何符合 POSIX 标准的执行环境中正常运行。

POSIX 文件接口规范是 POSIX 标准中的一部分，是一组简洁、实用的标准文件操作规范，其已经成为本地文件系统的业内标准，并且已经拥有大量的使用群体，还具有良好的兼容性。另外，经过近 20 年的发展，POSIX 已经十分成熟，应用领域也很广泛，并有多种可供参考的接口实现方案。

传统应用可以运行于 Linux 或 Windows 等 POSIX 兼容的执行环境中，因此实现 POSIX 兼容的云存储数据访问方法可以保证传统应用能够透明地访问云存储资源。与 Internet 小型计算机系统接口（Internet Small Computer System Interface，iSCSI）相比，POSIX 只定义了文件操作的接口规范，而对文件的数据组织方式并不在意，这使得云存储系统的数据管理更加灵活。

POSIX 实际上对执行环境和应用程序之间的交互接口进行了规范，POSIX 接口规范的执行环境和应用程序可以无缝集成。在 Linux 执行环境中，虚拟文件系统（Virtual File System，VFS）属于执行环境的一部分，符合 POSIX 接口规范。因此，云存储系统的数据访问方法只要满足了 VFS 的编程规范就同时符合了 POSIX 标准，这极大地简化了云存储系统访问方法的设计与实现。

3.1.2　列式存储

列式存储将数据按行排序、按列存储，将相同字段的数据作为一个列族来聚合存储。当查询少数列族数据时，列式数据库可以减少读取数据量，减少数据装载和读入/读出的时间，提高数据处理效率。列存储所固有的优越性在于：大多数数据仓库应用的查询只关心表中所有列的一个很小的子集，从而可以以很少的磁盘 I/O 得到查询结果。

1. Sybase IQ

Sybase IQ 是为数据仓库设计的关系型数据库，IQ 的架构与大多数关系型数据库不同，特别的设计用以支持大量并发用户的即时查询。

Sybase IQ 的设计与执行进程把查询性能放在第一位，其次是完成批量数据的更新速度。IQ 以列存储数据。在 IQ 中，每张表是一组相互独立的页链的集合，每一页链表示表中的一列。所以有 100 列的表将有 100 条相互独立的页链，每一列都有一条页链与之对应，而不是像其他数据库引擎，一张表对应一条页链。

2. Vertica

Vertica 可以支持存放多至 PB（Petabyte）级别的结构化数据。无共享的 MPP 架构和真正的列式数据库特性，使 Vertica 拥有高扩展性、高健壮性、高压缩率、高性能的特点。Vertica 是真正的纯列式数据库，优化器和执行引擎可以忽略表中与查询无关的列。Vertica 不仅仅按列式存储数据，还主动地根据列数据的特点和查询的要求选用最佳的算法对数据进行排序和编码压缩，这就极大地降低磁盘 I/O 消耗。同时，Vertica 的执行引擎和优化器也是基于列式数据库设计的，编码压缩过的列数据在 Vertica 的执行引擎中进行过滤、关联、分组等操作时不需要解反编码，从而大大降低了 CPU 和内存消耗。

Vertica 充分利用列式存储的优点，在保持对前端应用透明的前提下，把数据在集群中的所有节点进行均匀分布的同时，还在多个节点上对同一份数据维护了多个拷贝，确保任意一个或者几个节点出现故障或进入维修状态都不会影响集群。

3.1.3　键值存储

键值存储，即 Key-Value 存储（KV 存储），是 NoSQL 的一种存储方式，其中的数据按照键值对的形式进行组织、索引和存储，一般不提供事务处理机制。KV 存储比SQL 数据库存储拥有更高的读写性能，同时能有效减少读写磁盘的次数，对于不涉及过多数据关系和业务关系的数据非常适用。

1. Redis

Redis 包括 string（字符串）、list（链表）、set（集合）、zset（sorted set 一有序集合）和 hash（哈希类型）。这些数据类型都支持 push/pop、add/remove 和取交集、并集以及差集和更丰富的操作。在此基础上，Redis 支持各种不同方式的排序。

Redis 是一个性能比较高的 key-value 数据库，它支持主从同步。数据可以从主服务器同步到任意数量的从服务器，从服务器也可以是关联其他从服务器的主服务器。这使得 Redis 能够执行单层树复制。存盘可以有意无意地对数据进行写操作。由于完全实现了发布/订阅机制，使得在任何地方从数据库同步树时，能够仅仅订阅一个频道就可以接收主服务器完整的消息发布记录。同步对读取操作的可扩展性和数据冗余有很大的作用。

2. Apache

Apache 是世界使用率排名第一的 Web 服务器软件。它能够在大多数计算机操作系统中运行，因为其能够跨平台使用以及较高的安全性而被广泛使用，Apache 是最流行的 Web 服务器端软件之一。它速度快、可靠性高并且可通过简单的 API 扩充，将 Perl/Python 等解释器编译到服务器中。

3. Cassandra

Apache Cassandra 是一套开源分布式 Key-Value 存储系统。Cassandra 不是一个数据库，它是一个混合型的非关系的数据库。它以 Amazon 专有的完全分布式的 Dynamo 为基础，结合了 Google BigTable 基于列族（Column Family）的数据模型。它可以对 Key 进行范围查询。

4. Google BigTable

BigTable 是非关系型数据库，是一个稀疏的、分布式的、持久化存储的多维度排序 Map。快速且可靠地处理 PB 级别的数据是 BigTable 的设计目的，并且能够部署到成百上千台机器上。BigTable 具有适用性广泛、可扩展、高性能和高可用性的特征。

3.1.4　图形数据库

图形数据库主要用于存储事物与事物之间的相互关系，这些事物在整体上呈现出复杂的网络关系，可以简称为图形数据。使用传统的关系数据库技术无法完全满足超大量图形数据的存储和查询需求，比如描述上百万或上千万个节点的图形关系，而图形数据库使用不同的技术，很好地解决了图形数据的查询、遍历、求最短路径等问题。

在图形数据库领域，映射事物之间的网络关系通常都用不同的图模型，比如超图模型，以及包含节点、关系及属性信息的属性图模型等。图形数据库可用于对真实世界的各种对象进行建模，以求反映这些事物的相互关系。

1. Neo4j

Neo4j 越来越受到人们的关注，它具有嵌入式、高性能和轻量级等优势。它是一个 NOSQL 图形数据库，它将结构化数据不再存储在表中而是存储在网络上。它是一个嵌入式的、基于磁盘的、具备完全的事务特性的 Java 持久化引擎。Neo4j 也可以被看作是一个高性能的图引擎，该引擎具有成熟数据库的所有特性。程序员工作在一个面向对象的、灵活的网络结构下而不是严格、静态的表中——但是他们可以享受到具备完全的事务特性、企业级的数据库的所有好处。

2. Infinite Graph

Infinite Graph 是具有可伸缩性的企业分布式图形数据库，它还能够在大规模异地存储的复杂数据中，为大型企业执行实时搜索。通过使用图算法，它为分析应用程序添加了新的价值，以发现和存储新的连接和关系。对于那些对数据之间关系有依赖的应用程序，InfiniteGraph 能够使用灵活、可配置的存储位置来充分利用分布式数据。它还可以有效地处理分配给应用程序的负载。

3.1.5 对象存储系统

大数据时代的到来，对存储系统的容量、性能和功能提出了更高的要求，主要表现为大容量、高性能、可扩展性、可共享性、自适应性、可管理性以及高可靠性和可用性，目前，市场上仍没有一种解决方案可以满足所有的要求。对于快速升级的存储需求，基于对象存储（Object Based Storage，OBS）技术是一种非常有前景的解决方法，它融合了高速可直接访问的 SAN（Storage Area Network）和安全、良好跨平台共享数据的 NAS（Network Attached Storage）的优点。

传统的文件系统架构把数据组织成"树状结构"，这些"树状结构"由目录、文件夹、子文件夹和文件组成，文件是一种逻辑表示，代表与应用相联系的数据块，是处理数据的最常见方式。传统的文件系统中单个文件夹存储文件的个数在理论上具有限制，而且只能处理简单的元数据（Meta Data），无法处理大量的类似文件。

存储复杂性的进一步提高、下一代互联网和 PB 级存储大规模部署迫切地期待基于对象存储技术的成熟和大规模应用。基于对象存储技术提供了基于对象的全新设备访问接口，它对 SAN 的块接口和 NAS 的文件接口在性能、跨平台能力、可扩展性、安全性等方面做了很好的折中，成为下一代存储接口标准之一。

在众多的集群计算用户中，一种基于对象的存储技术正作为构建大规模存储系统的基础而悄然兴起。它利用现有的处理技术、网络技术和存储组件，可以通过一种简单便利的方式获得前所未有的可扩展性和高吞吐量。

3.2 （半）结构化数据

3.2.1 NoSQL 数据库系统

NoSQL 是非关系型数据存储的广义定义，它打破了长久以来关系型数据库 NoSQL 数据存储不需要固定的表结构，通常也不存在连接操作。在大数据存取上拥有关系型数据库无法比拟的性能优势。

小资料

随着互联网 Web2.0 网站的兴起，非关系型数据库已经成为一个极其热门的新领域，相关的产品发展相当迅速。传统的关系型数据库逐渐无法应对 Web2.0 网站，特别是超大规模和高并发的社交类型的 Web2.0 动态网站已经显得力不从心，暴露出许多难以克服的问题，主要包括以下几点需求。

1. 对数据库高并发读写的需求

Web2.0 网站需要根据用户个性化信息实时生成动态页面和提供动态信息，基本上无法使用动态页面静态化技术，因此数据库并发负载非常高，往往要达到每秒上万次读写请求。对于上万次 SQL 查询关系型数据库还可以勉强应对，但是对于上万次 SQL 写数据请求，硬盘 I/O 就已经无法承受了。现实生活中，仅仅一个普通的 BBS 网站，也存在对高并发写请求的需求。

2. 对海量数据的高效率存储和访问的需求

对于大型的 SNS（Social Network Services）网站，用户动态时刻在更新，每天都会产生大量的用户动态，以国外的 Friendfeed 为例，一个月的用户动态超过 2.5 亿条，对于关系型数据库，在一张 2.5 亿条记录的表里面进行 SQL 查询，其效率太低根本达不到要求。对于大型 Web 网站的用户登录系统，例如，腾讯、盛大动辄数以亿计的账号，关系型数据库也很难应对。

3. 对数据库的高可扩展性和高可用性的需求

在基于 Web 的架构中，数据库进行横向扩展相当困难，伴随着应用系统用户量和访问量的增加，数据库却没有办法像网络服务器（Web Server）和应用服务器（App Server）那样简单地通过添加更多的硬件和服务器节点扩展性能和负载能力。对于很多需要提供不间断服务的网站，难以对数据库系统进行升级和扩展，往往需要停机维护和数据迁移，为什么数据库不能通过不断地添加服务器节点实现扩展呢？

在上面提到的"三高"需求面前，关系型数据库遇到了难以克服的障碍，同时对于 Web2.0 网站，关系型数据库的很多主要特性也无法凸显自身的优势。

（1）数据库事务一致性。很多 Web 实时系统并不要求严格的数据库事务，对读一致性的要求很低，有些场合对写一致性要求也不高。因此数据库事务管理成了数据库高负载情况下一个沉重的负担。

（2）数据库的写实时性和读实时性。对关系型数据库，插入一条数据之后立刻查询，肯定可以读出这条数据，但是对于很多 Web 应用，对实时性的要求并不高。

（3）复杂的 SQL 查询，特别是多表关联查询。任何大数据量的 Web 系统，都非常忌讳多个大表的关联查询，以及复杂的数据分析类型的复杂 SQL 报表查

询，特别是 SNS 类型的网站，因此从需求以及产品设计角度，就避免了这种情况的产生。往往更多的只是单表的主键查询，以及单表的简单条件分页查询，SQL 的功能被极大地弱化了。

关系型数据库无法满足越来越多的应用场景需求，从而解决这类问题的非关系型数据库应运而生。

3.2.2 文档存储

文档存储支持对结构化数据的访问，与关系模型不同，文档存储没有强制的架构，事实上，文档存储是以键值对的方式进行存储的。文档存储模型支持嵌套结构，例如，文档存储模型支持 XML 和 JSON 文档，其字段的值也可以嵌套存储其他文档。

文档的内部结构是文档存储的核心，使存储引擎可以直接支持二级索引，从而允许对任意字段进行高效查询。文档存储还支持嵌套存储，使得查询语言具备搜索嵌套对象的能力。

常用的文档数据库有以下几种。

1. MongoDB

MongoDB 是一个基于分布式文件存储的数据库，它由 C++语言编写，支持查询。旨在为 Web 应用提供可扩展的高性能数据存储解决方案。它具有高性能、易部署、易使用，存储数据非常方便的特点。主要功能特性有：

MongoDB 是面向集合存储，易存储对象类型的数据，模式相对自由，能够支持动态查询。支持完全索引，包含内部对象；支持复制和故障恢复。使用高效的二进制数据存储，包括大型对象（如视频等）；自动处理碎片，以支持云计算层次的扩展性；可通过网络访问。

2. CouchDB

CouchDB 是一个面向文档的数据库管理系统。术语"Couch"是"Cluster Of Unreliable Commodity Hardware"的首字母缩写，它反映了 CouchDB 的目标具有高度可伸缩性，提供了高可用性和高可靠性，即使运行在容易出现故障的硬件上也是如此。

CouchDB 可以把存储系统分布到 n 台物理的节点上面，并且很好地协调和同步节点之间的数据读写一致性。CouchDB 存储半结构化的数据，比较类似 lucene 的 index 结构，特别适合存储文档，因此很适合电话本、地址本等应用，在这些应用场合，文档数据库要比关系数据库更加方便，性能更好。

3. Terrastore

Terrastore 是一个高性能分布式文档数据库。允许动态从运行中的集群添加/删除节点，并且不需要停机和修改任何配置。支持通过 http 协议访问 Terrastore。Terrastore 提供了一个基于集合的键/值接口来管理 JSON 文档并且不需要预先定义

JSON 文档的架构。它容易操作，安装一个完整能够运行的集群仅仅只需几行命令。

3.2.3　分析型数据库系统

大数据时代的特征是"数据为王"，如何有效地从数据中挖掘价值是关键问题的所在。挖掘数据中的价值就是对数据进行分析，数据仓库技术是一种对数据进行分析和管理的手段。所以，在大数据时代，数据仓库呈现出前所未有的机遇。各大 IT 厂商如 IBM、Oracle、SAP、EMC、Teradata 等均在大数据领域展开角逐，大举并购，如 Oracle 收购 Sun、IBM 收购 Netezza、EMC 收购 Greenplum、SAP 收购 Sybase、Teradata 收购 Aster Data 等。

显然，大数据使得数据仓库在数据管理系统中的地位变得更加重要，同时由于众多数据仓库产品采用关系型数据库作为存储和管理的重要核心部件，开始面临更多的挑战，如海量数据下系统的可扩展性问题、非结构化数据的处理、对分析响应实时性的要求。

GBase 8a 是一款具有高效复杂统计和分析能力的列存储关系型数据库管理系统，能够管理 TB 级数据，主要面向具有大规模数据的在线统计分析和即席查询需求的数据分析和商业智能市场。

GBase 8a 以列作为基本存储方式和数据运算对象，结合列数据压缩处理、并行处理、Snapshot 并发控制、快速索引等新型数据处理技术，在查询、统计、分析及批量加载性能上具备突出的优势。GBase 8a 拥有比一般事务型数据库在海量数据分析处理方面 10～100 倍的速度提升。

GBase 8a 主要应用在数据仓库、在线同步分析和传统分析型业务等领域中，主要针对政府、企业中有大量数据进行快速查询分析需求的机构。如统计、审计、监察、网监、人口等，以及电信、金融、电力等。

➡ 第 4 章　大数据处理

　　本部分对基于云计算的大数据处理技术进行研究，探讨如何利用云计算的分布式计算平台 Hadoop 和开放式的处理平台 OpenStack 来实现大数据处理应用，构建高效的大数据处理平台。Hadoop 是一个云计算技术中的一个开放式的分布式软件框架，其两大核心功能模块 HDFS 和 MapReduce 能够分别实现分布式的文件存储和分布式的数据处理。

　　OpenStack 是一个开放式的分布式计算平台，它能够完成类似于亚马逊 EC2 和 S3 的一系列基础设施级数据处理服务。OpenStack 软件平台包括五大核心功能模块，分别是：控制器模块（Nova）、存储服务模块（Swift）、镜像服务模块（Glance）、身份认证模块（Kcystone）和网络用户界面（Horizon）。所以，通过这两个技术的融合，本书设计了一种基于云计算的大数据处理技术。在本技术中，将 OpenStack 作为 Hadoop 的基础支撑，将 Hadoop 的 NameNode 部署于 OpenStack 管理的虚拟机上。从而使得 NameNode（包括 TaskTracker 在内）所需操作系统以及各类数据处理程序镜像等能够保存到 OpenStack 的 Glance 服务器中。这样一来，当 Hadoop 集群的大数据处理负载增加或者存储空间不足时，能够动态地通过 OpenStack 管理节点来进行资源的申请，增加分配给 NameNode 所在虚拟机的 VCUP 数量、磁盘空间，或者扩展虚拟机的数量来部署更多的 NameNode。通过使用 OpenStack 来对 Hadoop 部署的基础设施进行管理，能够巧妙地避免不必要的资源浪费。在本书所关注的大数据处理应用中，需要大量的存储设备来存放海量的数据信息。但这些大数据处理对数据的需求是间歇性的，通常只有数据处理集中突发时才需要海量的存储空间和运算能力，而在大部分业务平稳的情况下对存储和运算的需求相对较小。因此，如果在多个大数据处理应用中进行资源的固定分配，则不仅难以实现资源的有效利用，还容易造成资源无法满足业务集中突发的需求。

　　一开始就将巨大的存储空间固定分配给某个大数据应用，由于数据的积累可能需要比较长的时间，那么就会造成大量存储能力的浪费，如果分配不够，存储空间可能很快被用完。大数据需要超大的存储容量和计算能力，云计算作为一种业务模式的创新，为大数据的研究及应用准备了硬件基础，解决了"经济"这个大问题。随着技术的成熟，让机器来收集和统计海量的数据不再是难事，但是大数据中价值的挖掘必须有人的参与，因此为用户提供更多观察数据的视图（可视化）、简化软件的使用方式，也是大数据研究需要予以重视的方面。

4.1　离线数据处理

4.1.1　MapReduce

在过去的 5 年内，Google 的创造者和其他人实现了上百个用于特别计算目的的程序来处理海量的原始数据，比如蠕虫文档，Web 请求 log，等等，用于计算出不同的数据，比如降序索引，不同的图示展示的 Web 文档，蠕虫采集的每个 host 的 page 数量摘要，给定日期内最常用的查询等。绝大部分计算都是概念上很简洁的。不过，输入的数据通常是非常巨大的，并且为了能在合理时间内执行完毕，其上的计算必须分布到上百个或者上千个计算机上去执行。如何并发计算、如何分布数据、如何处理失败等相关问题合并在一起就会导致原本简单的计算掩盖在为了解决这些问题而引入的很复杂的代码中。

因为这种复杂度，我们设计了一个新的程序，通过该程序我们可以方便地处理这样简单的计算。这些简单计算原本很简单，但是由于考虑到并发处理细节、容错细节，以及数据分布细节，负载均衡等细节问题，而导致代码非常复杂。所以我们抽象这些公共的细节到一个 lib 中。这种抽象是源自 Lisp 以及其他很多面向功能的语言的 map 和 reduce 概念。我们认识到大部分操作都和 map 操作相关，这些 map 操作都是运算在输入记录的每个逻辑 "record" 上，并且 map 操作为了产生一组中间的 key/value 键值对，并且接着在所有相同 key 的中间结果上执行 reduce 操作，这样就可以合并适当的数据。我们的函数模式是使用用户定义的 map 和 reduce 操作，这样可以让我们并发执行大规模的运算，并且使用重新执行的方式作为容错的优先机制。

MapReduce 提供了一个简单强大的接口，通过这个接口，可以把大尺度的计算自动地并发和分布执行。使用这个接口，普通 PC 的巨大集群也能够发挥极高的性能。

1. 实现

MapReduce 接口能够存在多种不同的实现。应当根据不同的环境选择不同的实现。比如，一个实现可以适用于小型的共享内存的机器，另一个实现可能是基于大型 NUMA 多处理器系统，还可能有为大规模计算机集群的实现。

Google 广泛使用的计算环境：用交换机网络连接的，由普通 PC 构成的超大集群。在我们的环境里：每个节点通常是双 x86 处理器，运行 Linux，每台机器 2～4GB 内存。

使用的网络设备都是常用的。一般在节点上使用的是 100M/或者 1000M 网络，通常情况下网络宽带的使用率不到一半。

一个 cluster 中常常有成百上千台机器，所以，机器故障时有发生。

存储时使用便宜的 IDE 硬盘，直接放在每一个机器上。并且有一个分布式的文件系统来管理这些分布在各个机器上的硬盘。文件系统在不可靠的硬件上通过复制的方法保证可用性和可靠性。

用户向调度系统提交请求。每一个请求都包含一组任务，映射到这个计算机 cluster 里的一组机器上执行。

（1）执行概览

Map 操作通过把输入数据进行分区（Partition）（比如分为 M 块），就可以分布到不同的机器上执行了。输入块的拆成多块，可以并行在不同机器上执行。Reduce 操作是通过对中间产生的 key 的分布来进行分布的，中间产生的 key 可以根据某种分区函数进行分布，比如 hash（key）mod R，分布成为 R 块。分区（R）的数量和分区函数都是由用户指定的。

图 4-1 是实现的 MapReduce 操作的整体数据流。

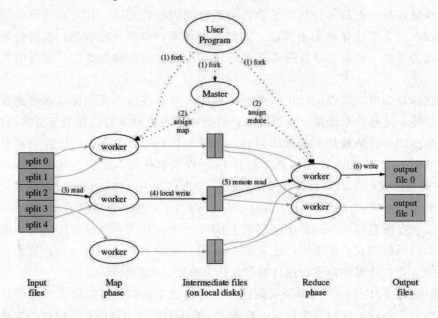

Figure 1: Execution overview

图 4-1　整体数据流

当用户程序调用 MapReduce 函数，就会引起如下的操作。

用户程序中的 MapReduce 函数库首先把输入文件分成 M 块，每块大概 16M 到 64M（可以通过参数决定）。接着在 cluster 的机器上执行处理程序。

这些分排的执行程序中存在一个特别的程序，它是主控程序 master。其余的执行程序都是作为 master 分排工作的 worker。总共有 M 个 map 任务和 R 个 reduce 任务需要分排。master 选择空闲的 worker 并且分配这些 map 任务或者 reduce 任务。

一个分配了 map 任务的 worker 读取并处理相关的输入小块。它处理输入的数据，并且将分析出的 key/value 对传递给用户定义的 map 函数。map 函数产生的中间结果

key/value 对暂时缓冲到内存。

这些缓冲到内存的中间结果将被定时刷写到本地硬盘，这些数据通过分区函数分成 R 个区。这些中间结果在本地硬盘的位置信息将被发送回 master，然后这个 master 负责把这些位置信息传送给 reduce 的 worker。

当 master 通知 reduce 的 worker 关于中间 key/value 对的位置时，它调用 remote procedure 来从 map worker 的本地硬盘上读取缓冲的中间数据。当 reduce 的 worker 读到了所有的中间数据，它就使用中间 key 进行排序，这样可以使得相同 key 的值都在一起。因为存在许多不同 key 的 map 都对应相同的 reduce 任务，所以，必须排序。如果中间结果集太大了，那么就应该使用外排序。

reduce worker 根据每一个唯一中间 key 来遍历所有的排序后的中间数据，并且把 key 和相关的中间结果值集合传递给用户定义的 reduce 函数。reduce 函数的对于本 reduce 区块的输出到一个最终的输出文件。

当所有的 map 任务和 reduce 任务都已经完成的时候，master 将激活用户程序。在这个时候 MapReduce 返回用户程序的调用点。

当所有程序成功结束以后，MapReduce 的执行数据存放在总计 R 个输出文件中（每个都是由 reduce 任务产生的，这些文件名是用户指定的）。通常，用户不需要将这 R 个输出文件合并到一个文件，他们通常把这些文件作为输入传递到另一个 MapReduce 调用，或者用另一个分布式应用来处理这些文件，并且这些分布式应用把这些文件当作为输入文件由于分区（partition）成为的多个块文件。

（2）Master 的数据结构

master 需要保存一定的数据结构。对于每一个 map 和 reduce 任务来说，都需要保存它的状态（idle，in-progress 或者 completed），并且识别不同的 worker 机器（对于非 idel 的任务状态）。

master 是一个由 map 任务产生的中间区域文件位置信息到 reduce 任务的一个管道。因此，对于每一个完成的 map 任务，master 保存下来这个 map 任务产生的 R 中间区域文件信息的位置和大小。对于这个位置和大小信息是当接收到 map 任务完成的时候做的。这些信息是增量推送到处于 in-progress 状态的 reduce 任务的 worker 上的。

（3）容错考虑

由于 MapReduce 函数库是设计用于处理成百上千台机器上海量数据的，所以这个函数库必须考虑到机器故障的容错处理。

①Worker 失效的考虑

master 会定期 ping 每一个 worker 机器。如果在一定时间内没有 worker 机器的返回，master 就认为这个 worker 失效了。所有这台 worker 完成的 map 任务都被设置成为它们的初始 idel 状态，并且因此可以被其他 worker 所调度执行。类似的，这个机器上所有正在处理的 map 任务或者 reduce 任务都被设置成为 idle 状态，能够被其他 worker 所重新执行。

在失效机器上的已经完成的 map 任务需要重新执行，这是因为中间结果如果存放

在失效的机器上，那么将导致中间结果无法访问。但是已经完成的 recude 任务却无需再次执行，因为它们的结果已经保存在全局的文件系统中了。

当 map 任务首先由 Aworker 执行，随后被 Bworker 执行的时候（因为 A 失效了），所有执行 reduce 任务的 worker 都会被通知。所有还没有来得及从 A 上读取数据的 worker 都会从 B 上读取数据。

MapReduce 可以有效地支持到很大尺度的 worker 失效的情况。比如，在一个 MapReduce 操作中，在一个网络例行维护中，可能会导致每次大约有 80 台机器在几分钟之内不能访问。MapReduce 的 master 制式简单地把这些不能访问的 worker 上的工作再执行一次，并且继续调度进程，最后完成 MapReduce 的操作。

②Master 失效

在 master 中，会定期设定 checkpoint，写出 master 的数据结构。如果 master 任务失效了，可以从上次最后一个 checkpoint 开始启动另一个 master 进程。不过，由于只有一个 master 在运行，所以如果失效就比较麻烦，因此目前如果 master 失效了，就终止 MapReduce 执行。客户端可以检测这种失效，如果无法满足要求可以重新尝试 MapReduce 操作。

③失效的处理设计

当用户提供的 map 和 reduce 函数对于他们的输入来说是确定性的函数，我们的分布式的输出就应当和在一个整个程序没有失败的连续执行相同。

我们依靠对 map 和 reduce 任务的输出进行原子提交来完成这样的可靠性。每一个 in-progress 任务把输出写到一个私有的临时文件中。reduce 任务产生一个这样的文件，map 任务产生 R 个这样的任务（每一个对应一个 reduce 任务）。当一个 map 任务完成的时候，worker 发送一个消息给 master，并且这个消息中包含了这个 R 临时文件的名字。如果 master 又收到一个已经完成的 map 任务的完成消息，他就忽略这个相同消息。否则，他将在 master 数据结构中记录这个 R 文件。

当完成一个 reduce 任务的时候，reduce worker 将自动把临时输出的文件名改为正式的输出文件。如果在多台机器上有相同的 reduce 任务执行，那么就会有多个针对最终输出文件的更名动作。我们依靠文件系统提供的原始操作 '改名字'，来保证最终的文件系统状态中记录的是其中一个 reduce 任务的输出。

我们的绝大部分 map 和 reduce 操作都是确定性的，实际上在语义角度，这个 map 和 reduce 并发执行和顺序执行是一样的，这就使得程序员很容易推测程序行为。当 map 和 reduce 操作是非确定性的时候，我们的错误处理机制稍弱，但是依旧符合逻辑。对于非确定性操作来说，特定 reduce 任务 R1 的输出，与非确定性的顺序执行的程序对 R1 的输出是等价的。另外，另一个 reduce 任务 R2 的输出，是和另一个顺序执行的非确定性程序对应的 R2 输出相关的。

考虑 map 任务 M 和 reduce 任务 R1，R2。我们设定 e（Ri）为已经提交的 Ri 执行（有且仅有一个这样的执行）。当 e（R1）处理的是 M 的一次执行，而 e（R2）是处理 M 的另一次执行的时候，那么就会导致稍弱的失效处理了。

（4）存储位置

在我们的环境下，网络带宽资源相对缺乏。我们尽量让输入数据保存在构成集群机器的本地硬盘上（通过 GFS 管理［8］），这样可以减少网络带宽的开销。GFS 把文件分成 64M 一块，并且每一块都有几个拷贝（通常是 3 个拷贝），分布到不同的机器上。MapReduce 的 master 有输入文件组的位置信息，并且尝试分派 map 任务在对应包含了相关输入数据块的设备上执行。如果将数据分配到对应的机器上执行，它就尝试分配 map 任务到尽量靠近这个任务的输入数据库的机器上执行（比如，分配到一个和包含输入数据块在一个 switch 网段的 worker 机器上执行）。当在一个足够大的 cluster 集群上运行大型 MapReduce 操作的时候，大部分输入数据都是在本地机器读取的，它们消耗的网络宽带会有所减少。

（5）任务颗粒度

如果上边我们讲的，我们把 map 阶段拆分到 M 小块，并且 reduce 阶段拆分到 R 小块执行。在理想状态下，M 和 R 应当比 worker 机器数量要多得多。每一个 worker 机器都通过执行大量的任务来提高动态的负载均衡能力，并且能够快速恢复故障：这个失效机器上执行的大量 map 任务都可以分布到其他所有 worker 机器上执行。

但是我们的实现中，实际上对于 M 和 R 的取值有一定的限制，因为 master 必须执行 $O(M+R)$ 次调度，并且在内存中保存 $O(M*R)$ 个状态。（对影响内存使用的因素还是比较小的：$O(M*R)$ 块状态，大概每对 map 任务/reduce 任务 1 个字节就可以了）

进一步来说，用户通常会指定 R 的值，因为每一个 reduce 任务最终都是一个独立的输出文件。在实际中，我们倾向于调整 M 的值，使得每一个独立任务都是处理大约 16M 到 64M 的输入数据（这样，上面描写的本地优化策略会最有效），另外，我们使 R 比较小，这样使得 R 占用不多的 worker 机器。我们通常会用这样的比例来执行 MapReduce：$M=200,000$，$R=5,000$，使用 2,000 台 worker 机器。

（6）备用任务

通常情况下，一个 MapReduce 的总执行时间会受到最后几个"拖后腿"任务影响：在计算过程中，总会有一个机器在远远超过正常执行时间后，仍然还没有执行完 map 或者 reduce 任务，导致 MapReduce 总任务无法按时完成。出现拖后腿的原因有很多种，比如：一个机器的硬盘出现问题，经常需要反复读取纠错，然后把读取输入数据的性能从 30M/s 降低到 1M/s。cluster 调度系统已经在某台机器上调度了其他的任务，所以因为 CPU/内存/本地硬盘/网络带宽等竞争的关系，导致执行 MapReduce 的代码性能比较慢。我们最近出现的一个问题是机器的启动代码有问题，导致关闭了 cpu 的 cache：对这些机器上的任务性能产生上百倍的影响。

我们设置了一个通用的机制用以减少拖后腿的情况。当 MapReduce 操作将要完成时，master 调度备用进程来执行那些剩下的 in-progress 状态的任务。无论当最初的任务还是 backup 任务执行完成的时候，都把这个任务标记成为已经完成。机制进行调优后，通常只会占用几个百分点的机器资源。但是我们发现，这样做可以减少超大 Ma-

pReduce 操作的总处理时间。例如，在5.3节描述的排序任务，在关闭掉备用任务的情况下，要比存在备用任务多花 44％的时间。

2. 技巧

虽然简单写 Map 和 Reduce 函数实现基本功能就已经能够满足大部分需求了，但是我们还开发了一些有用的扩展，将在本节进行详细描述。

（1）分区函数

MapReduce 的使用者通过指定（R）来给出 Reduce 任务/输出文件的数量。他们处理的数据在这些任务上通过对中间结果 Key 的分区函数来进行分区。缺省的分区函数时使用 Hash 函数（例如 Hash（key）mod R）。这一般就可以得到分散均匀的分区。不过，在某些情况下，对 key 用其他的函数进行分区可能更加有效。比如，某些情况下 key 是 URL，那么我们希望所有对单个 Host 的入口 URL 都保存在相同的输出文件。为了支持类似的情况，MapReduce 函数库可以让用户提供一个特定的分区函数。比如使用 Hashmod R 作为分区函数，这样可以让指向同一个 Hostname 的 URL 分配到相同的输出文件中。

（2）顺序保证

我们确保在给定的分区中，中间键值对 key/value 的处理顺序是根据 key 增量处理的。这样的顺序保证可以很容易生成每一个分区有序的输出文件，这对于输出文件格式需要支持客户端的对 key 的随机存取的时候就很有效，或者很容易对输出数据集再做排序。

（3）Combiner 函数

在某些情况下，允许中间结果 Key 重复会占用相当大的空间，并且用户定义的 Reduce 函数满足结合律和交换律。

Combiner 函数在每一个 Map 任务的机器上执行。通常这个 Combiner 函数的代码和 Reduce 的代码实现上都是一样的。MapReduce 对于这两个函数的输出处理不同是 Reduce 函数和 Combiner 函数唯一的不同。对于 Reduce 函数的输出是直接写到最终的输出文件。对于 Combiner 函数输出是写到中间文件，并且会被发送到 Reduce 任务中去。

部分使用 combiner 函数可以显著提高某些类型的 MapReduce 操作。附录 A 有这样的使用 combiner 的例子。

（4）输入和输出类型

MapReduce 函数库提供了读取几种不同格式的输入支持。例如，"text"模式下，每行输入都被看成一个 Key/Value 对：Key 是在文件的偏移量，Value 是行的内容。另一个通用格式保存了根据 Key 进行排序 Key/Value 对的顺序。每一个输入类型的实现都知道如何把输入进行有效分隔，其母的是为了区分 Map 任务（比如，Text 模式下的分隔就是要确保分隔的边界只能按照行来进行分隔）。用户可以通过简单的 Reader 接口来进行新的输入类型的支持。不过大部分用户都只使用一小部分预先定义的输入类型。

Reader 函数不需要提供从文件读取数据。例如，我们很容易定义一个 Reader 函数从数据库读取数据，或者从内存中的数据结构中读取数据。

类似的，我们提供了一组用于输出的类型，可以产生不同格式的数据，并且用户也可以很简单地增加新的输出类型。

（5）边界效应

在某些情况下，MapReduce 的使用上，如果在 Map 操作或者 Reduce 操作时，增加辅助的输出文件，会比较有用。我们提供这样的边界原子操作需要依靠程序。通常应用程序写一个临时文件并且用系统的原子操作：改名字操作，在这个文件将要完成时，再统一把这个文件名称改掉。

对于单个任务产生的多个输出文件来说，我们没有提供以上两阶段需要提交的原子操作支持。因此，对于产生多个输出文件和对跨文件有一致性要求的任务，都必须具有确定性。然而在现实生活中，我们还未在真正意义上遇到过这个限制。

（6）跳过损坏的记录

某些情况下，用户程序的代码会让 Map 或者 Reduce 函数在处理某些记录的时候 Crash 掉。这种情况下 MapReduce 操作就不能完成。通常的做法是改掉 Bug 然后再执行，但是有时候这种先改掉 Bug 的方式无法执行；也许是因为 Bug 是在第三方的 Lib 里边，它的原代码不存在等。并且，很多时候，一些记录被忽略不进行处理也是能够接受的，比如，在一个大数据集上进行统计分析的时候，有问题的少量记录就可以被忽略。我们提供了一种执行模式，在这种执行模式下，MapReduce 能够检测到哪些记录会导致确定的 Crash，并且即使忽略这些记录不进行处理，整个处理也能够继续进行。

每一个 Worker 处理进程都有一个 Signal Handler，可以捕获内存段异常和总线错误。在执行用户 Map 或者 Reduce 操作之前，MapReduce 函数库通过全局变量保存记录序号。如果用户代码产生了这个信号，Signal handler 于是用"最后一口气"通过 UDP 包向 Master 发送上次处理的最后一条记录的序号。当 Master 看到特定记录上有不止一个失效的时候，这就标志着这条记录需要被忽略，，并且在下次重新执行相关的 Map 或者 Reduce 任务的时候同样也需要跳过这条记录。

（7）本地执行

因为实际执行操作是分布在系统中执行的，通常是在好几千台计算机上执行，并且是由 Master 机器进行动态调度的任务，所以对 Map 和 Reduce 函数的调试就比较复杂。为了能够让调试方便，Profiling 和小规模测试，我们开发了一套 MapReduce 的本地实现，也就是说，MapReduce 函数库在本地机器上顺序执行所有的 MapReduce 操作。用户可以控制执行，这样计算可以限制到特定的 Map 任务上。用户可以通过设定特别的标志来执行他们的程序，同时也可以很方便使用调试和测试工具（比如 Gdb）等。

（8）状态信息

Master 内部有一个 HTTP 服务器，并且可以输出状态报告。状态页提供了计算的

进度报告，比如任务的完成比率，有多少任务正在处理，输入的字节数，中间数据的字节数，输出的字节数，处理百分比等。这些页面也包括了指向每个任务输出的标准错误和输出的标准文件的连接。用户可以根据这些数据来预测计算大约需要执行多长时间，这个计算是否需要增加额外的计算资源。这些页面也可以用来分析计算执行为何会比预期慢。

此外，最上层的状态页面也显示了哪些 Worker 失效了，以及他们失效的时候上面运行的 Map 和 Reduce 任务。这些信息对于调试用户代码中的 Bug 很有帮助。

（9）计数器

MapReduce 函数库提供了用于统计不同事件发生次数的计数器。比如，用户可能想统计所有已经索引的 German 文档数量或者已经处理的单词数量等。

为了使用这样的特性，用户代码创建一个叫作 Counter 的对象，并且在适当的时候，Map 和 Reduce 函数中增加 Counter 的值。例如：

```
Counter * uppercase;
uppercase = GetCounter("uppercase");

map(String name, String contents):
for each word w in contents:
    if (IsCapitalized(w)):
        uppercase->Increment();
    EmitIntermediate(w, "1");
```

这些 Counter 的值，会定时从各个单独的 Worker 机器上传递给 Master（通过 Ping 的应答包传递）。Master 把执行成功的 Map 或者 Reduce 任务的 Counter 值进行累计，并且当 MapReduce 操作完成之后，返回给用户代码。当前 Counter 值也会显示在 Master 的状态页面，这样用户可以看到计算现场的进度。当累计 Counter 的值的时候，Master 会检查是否有对同一个 Map 或者 Reduce 任务的相同累计，避免重复累计。（Backup 任务或者机器失效导致的重新执行 Map 任务或者 Reduce 任务或导致这个 Counter 重复执行，所以需要检查，避免 Master 进行重复统计）。

部分计数器的值是由 MapReduce 函数库进行自动维持的，比如经过处理后输入的 Key/Value 对的数量，或者输出的 Key/Value 键值对等。

Counter 特性对于 MapReduce 操作的完整性检查非常有用。比如，在某些 MapReduce 操作中，用户程序需要确保输出的键值对精确的等于处理的输入键值对，或者处理的 German 文档数量占处理的整个文档数量的比重合理。

3. 性能

我们用一个大型集群上运行的两个计算来衡量 MapReduce 的性能。一个计算用来在一个大概 1TB 的数据中查找特定的匹配串。另一个计算用来对大概 1TB 的数据进行排序。

这两个程序代表了大量用 MapReduce 实现的真实程序的主要类型，一类是对数据进行洗牌，另一类是从海量数据集中抽取少部分需要的数据。

（1）集群配置

所有这些程序都是运行在一个大约有 1800 台机器的集群上。每台机器配置两个 2G Intel Xeon 支持超线程的处理器，4GB 内存，两个 160GBIDE 硬盘，一个千兆网卡。这些机器部署在一个由两层的，树形交换网络中，在最上层大概有 100～200G 的聚合贷款。所有机器都有相同的部署（对等部署），因此，任意两点之间的来回时间小于 1 毫秒。

在 4GB 内存里，大概有 1～1.5G 用于运行集群上的其他任务。这个程序是在周末下午执行的，这时候的 CPU，磁盘和网络基本上处于空闲状态。

（2）GREP

GREP 程序需要扫描大概 10 的 10 次方个由 100 个字节组成的记录，查找比较少见的 3 个字符的查找串（这个查找串在 92，337 个记录中存在）。输入的记录被拆分成大约 64M 一个的块（M＝15000），整个输出方在一个文件中（R＝1）。

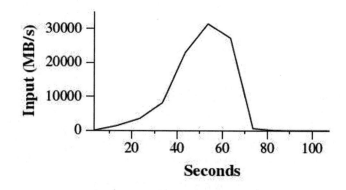

Figure 2: Data transfer rate over time

图 4-2　程序随时间的处理过程

图 4-2 表示本程序随时间处理的过程。Y 轴表示输入数据的处理速度。处理速度逐渐增加，与参与 MapReduce 计算机器的数量成正向关系，当 1764 台 Worker 同时工作的时候，熟读超过了 30G/s。当 Map 任务结束的时候，计算经过 80 秒后，输入的速度降到 0。从开始到结束整个计算过程一共大概 150 秒。这包括大约一分钟的开头启动部分，开头启动的时间是用来把这个程序传播到各个 Worker 机器上的时间，并且等待 GFS 系统打开 100 个输入文件集合并且获得相关的文件位置优化信息。

（3）SORT 排序

SORT 程序排序 10^{10} 个 100 个字节组成的记录（大概 1TB 的数据）。这个程序是仿制 TeraSort benchmark ［10］的。

Sort 程序是由不超过 50 行的用户代码组成。三行 Map 函数从文本行中解出 10 个字节的排序 Mey，并且把这个 Mey 和原始行作为中间结果 Mey/Value 键值对输出。我们使用了一个内嵌的 Identitiy 函数作为 Reduce 的操作。这个函数把中间结果 Key/Value 键值对没有改变的部分作为输出的 Key/Value 键值对。最终排序输出写到一个

两路复制的 GFS 文件中（就是说，程序的输出会写 2TB 的数据）。

如前所述，输入数据分成 64MB 每块（M＝15000）。我们把排序后的输出分区成为 4000 个文件（R＝4000）。分区函数使用 Key 的原始字节来把数据分区到 R 个小块中。

我们这个 Benchmark 中的分区函数本身清楚 Key 的分区情况。通常在排序程序中，我们会增加一个预处理的 MapReduce 操作，这个操作用于采样 Key 的情况，并且通过采样 Key 的分布情况来计算和分析最终排序处理的分区点。

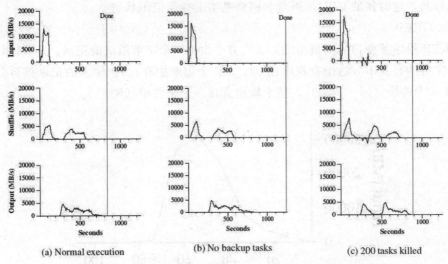

Figure 3: Data transfer rates over time for different executions of the sort program

图 4-3　排序程序的正常执行过程

图 4-3 是排序程序的正常执行过程。左上角的图表示输入数据的读取速度。数据读取速度会达到 13G/s，并且所有 Map 任务完成之后，在不超过 200 秒的时间内迅速滑落到 0。我们观察到数据读取速度小于 Grep 粒子。这是因为排序 Map 任务花了将近一半时间和 I/O 带宽写入中间输出到本地硬盘。几乎可以忽略不计 Grep 中间结果输出。

左边中间的图表示 Map 任务把中间数据发送到 Reduce 任务的网络速度。这个排序过程自从第一个任务完成之后就开始了。图示上的第一个高峰是启动了第一批任务，大概 1700 个 Reduce 任务（整个 MapReduce 分布到大概 1700 台机器上，每台机器一次大概执行 1 个 Reduce 任务）。大概开始计算 300 秒以后，完成第一批 Reduce 任务，并且我们开始执行其余的 Reduce 任务。所有排序任务会在计算开始后大约 600 秒结束。

左下的图表示 Reduce 任务把排序后的数据写到最终的输出文件的速度。在第一个排序期结束后到写盘开始之前有一个小延迟，这是由于机器正在忙于内部排序中间数据。写盘速度大概维持在 2～4G/s。在计算开始后大概 850 秒左右写盘完成。包含启动部分的时间，整个计算花了大概 891 秒。这与 TeraSort benchmark ［18］的最高纪录 1057 秒没有多大差异。

值得注意的事情是：排序速度和输出速度相对输入速度要慢，这是由于我们本地

化的优化策略，绝大部分数据都是从本地硬盘读取而避免了相关的网络消耗。排序速度比输出速度快，这是因为输出阶段的速度是写了两份排序后的速度。我们写两份的原因是因为底层文件系统的可靠性和可用性的要求。如果底层文件系统用类似容错编码［14］（Erasure Coding）的方式，而不采用复制写的方式，在写盘阶段可以降低网络带宽的要求。

（4）高效的 Backup 任务

在图 4-3（b）表示我们关闭掉 Backup 任务的时候，Sort 程序的执行情况。执行流和上边讲述的图 4-3（a）很类似，但是这个关闭掉 Backup 任务的时候，执行的时间持续较长，并且执行的尾巴没有什么有效的写盘动作。在开始计算 960 秒以后，仅有 5个 Reduce 仍在执行任务，其他 Reduce 任务都已经完成。但这 5 个 Reduce 任务还需要继续执行大约 300 秒才能够全部完成。整个计算大概花了将近 1283 秒，执行时间超出 44％。

（5）失效的机器

在图 4-3（c）中，我们演示了在 Sort 程序执行过程中故意暂时杀掉 1746 个Worker 中的 200 个 Worker 进程的执行情况。底层的集群调度立刻在这些机器上重新创建了新的 Worker 处理（因为我们只是把这些机器上的处理进程杀掉，而机器依旧是可以操作的）。

因为已经完成的 Map Work 丢失了（由于相关的 Map Worker 被杀掉了），需要重新开始，所以 Worker 死掉会使得输入速率变成一个负数。相关 Map 任务很快就重新执行了。整个计算过程大概在 933 秒内完成，包括了之前的启动时间（只比正常执行时间多了 5％的时间）。

4.1.2 Pregel

Pregel：基于 BSP（Bulk Synchronous Parallel，整体同步并行计算模型）实现的并行图处理系统。其主要用于 PageRank 等分布式图计算框架。

BSP 是由哈佛大学 Viliant 和牛津大学 Bill Coll 提出的并行计算模型，又称为"大同步模型"，创始人希望 BSP 模型像冯·诺依曼体系结构那样，在计算机程序语言与体系结构之间架起桥梁，故又称为"桥模型"。

大量通过网络相互连接的处理器组成一个 BSP 模型，每个处理器都拥有快速的本地内存和不同的线程。

1. BSP 计算过程

一次 BSP 计算过程包括一系列全局超步（所谓的超步就是计算中的一次迭代），每个超步主要包括三个组件。

（1）局部计算：每个处理器都带着自身的计算任务参与计算，它们只读取存储在本地内存中的值，不同处理器的计算任务都是异步并且独立的。

（2）通讯：处理器群相互交换数据，由一方发起推送（Put）和获取（Get）操作是其交换的形式。

（3）栅栏同步（Barrier Synchronization）：当一个处理器遇到"路障"（或栅栏）时，会等到其他所有处理器完成它们的计算步骤；每一次同步也是一个超步的完成和下一个超步的开始。

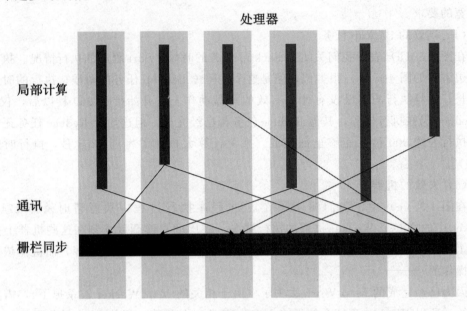

图 4-4　一个超步的垂直结构

2. Pregel 的体系结构

Pregel 通常在由多台廉价服务器构成的集群上运行。一个图计算任务会被分解到多台机器上同时执行。任务执行过程中，临时文件会保存到本地磁盘，持久化的数据则会保存到分布式文件系统或数据库中。

名称服务系统：给每个任务赋予一个与物理位置无关的逻辑名称，从而能够对每个任务进行有效区分。

选择集群中的多台机器执行图计算任务，由每台机器运行用户程序的一个副本。其中一台机器会被选为 Master，剩余机器成为 Worker。

Master：系统不会把图的任何分区分配给它，它把一个图分成多个分区，并把分区分配给多个 Worker，维护着当前处于"有效"状态的所有 Worker 的各种信息，不需要考虑顶点和边的数量，即仅需要负责协调多个 Worker 执行任务。

Worker：借助名称服务系统定位到 Master 的位置，并向 Master 发送自己的注册信息，Master 会为每个 Worker 分配一个唯一的 ID。在一个 Worker 中，它所管辖的分区状态信息在内存中保存。在每个超步中，Worker 会遍历自己所管辖分区中的每个顶点，并调用顶点上的 Compute（）函数。

Pregel 采用检查点（CheckPoint）机制来实现容错。在每个超步开始时，Master 会通知所有的 Worker 把自己管辖的分区状态写入持久化存储设备。Master 周期地 ping 每个 Worker，Worker 收到 ping 消息后向 Master 反馈消息。如果在指定的时间间

隔内没有收到某个 Worker 的反馈，Master 就会将它标为"失效"，并启动恢复模式。

在理想的情况下（不发生任何错误），一个 Pregel 用户程序的执行过程如下：

（1）选择集群中的多台机器执行图计算任务，在每台机器上运行用户程序的一个副本，其中，有一台机器会被选为 Master，剩余机器成为 Worker。

（2）Master 把一个图分成多个分区，并把分区分配到多个 Worker。

（3）Master 会把用户输入划分成多个部分，通常是基于文件边界进行划分。

（4）Master 向每个 Worker 发送指令，Worker 收到指令后，开始运行一个超步。当完成以后，Worker 会通知 Master，并把自己在下一个超步还处于"活跃"状态的顶点数量报告给 Master。

不断重复上述步骤，直到所有顶点都不再活跃并且系统中不会有任何消息在传输，此时，表示完成了执行过程。

（5）计算过程结束后，Master 会给所有的 Worker 发送指令，通知每个 Worker 对自己的计算结果进行持久化存储。

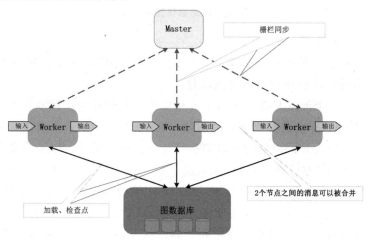

图 4-5　Pregel 的执行过程图

3. Pregel 图计算模型

Pregel 计算模型以有向图作为输入，有向图的每个顶点都有一个 String 类型的顶点 ID，每个顶点都有一个可修改的用户自定义值与之关联，每条有向边都和其源顶点关联，并记录了其目标顶点 ID，边上有一个可修改的用户自定义值与之关联。

在每个超步 S 中，图中的所有顶点都会并行执行相同的用户自定义函数。每个顶点可以接收前一个超步（S-1）中发送给它的消息，修改其自身及其出射边的状态，并发送消息给其他顶点，甚至是修改整个图的拓扑结构。

注意：在此计算模式中，边并不是核心对象，不会在边上面运行相应的计算，只会在顶点执行用户自定义函数进行相应计算。

Pregel 顶点间的信息交换，采用纯消息传递模型（不是远程数据读取或共享内存）。原因：消息传递具有丰富的表达能力，没有必要使用远程读取或共享内存的方式；采用异步和批量的方式传递消息，有利于帮助提升系统整体性能。

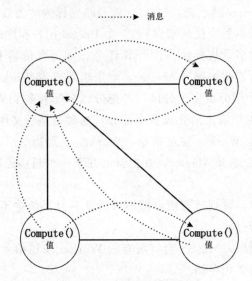

图 4-6 纯消息传递模型图

4. Pregel 的计算过程

Pregel 的计算过程是由一系列被称为"超步"的迭代组成的。在每个超步中，每个顶点上面都会并行执行用户自定义的函数。

该函数描述了一个顶点 V 在一个超步 S 中需要执行的操作。该函数可以读取前一个超步（S-1）中其他顶点发送给顶点 V 的消息，执行相应计算后，修改顶点 V 及其出射边的状态，然后沿着顶点 V 的出射边发送消息给其他顶点，而且，一个消息可能经过多条边的传递后被发送到任意已知 ID 的目标顶点上去。这些消息将会在下一个超步（S+1）中被目标顶点接收，然后像上述过程一样开始下一个超步（S+1）的迭代过程。

在 Pregel 计算过程中，一个算法什么时候可以结束，是由所有顶点的状态决定的，当图中所有的顶点都已经标识其自身达到"非活跃（Inactive）"状态且没有消息在传送时，算法停止运行。

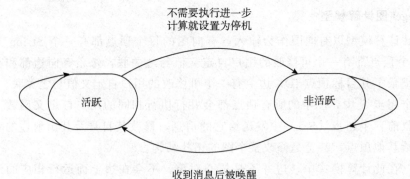

图 4-7 一个简单的状态机图

4.1.3 Dryad

Dryad 通过一个有向无环图的策略建模算法，提供给用户一个比较清晰的编程框架。在这个编程框架下，用户需要将自己的应用程序表达为有向无环图的形式，节点程序则编写为串行程序的形式，然后用 Dryad 方法将程序组织起来。用户不需要考虑分布式系统中关于节点的选择，且节点与通信的出错处理手段都简单明确，内建在 Dryad 框架内部，满足了分布式程序的可扩展性、可靠性和高性能的要求。

Dryad 采用虚节点解决分布式并行问题。根据机器的性能，一台真实的物理节点可能会包含一个或者几个虚节点（逻辑节点）。可以把任务程序分成 Q 等份（每一份就是一个虚节点），Q 要远大于资源数。现在假设有 SAI 资源，那么每个资源就承担 Q/S 个等份。当一个资源节点离开系统时，它所负责的等份要重新均分到其他资源节点上，一个新节点加入的时候，要从其他节点获取到一定数额的等份。

Dryad 的执行过程可以看作一个二维的管道流的处理过程。其中，每个节点可以同时执行多个程序，通过这种算法可以对大规模数据同时进行处理。

如图 4-8 所示，在每个节点进程（Vertex Process）上都运行一个处理程序，并且通过数据管道（Channel）的方式在它们之间传送数据。二维的 Dryad 管道模型定义了一系列的操作，可以用来动态地建立并且改变这个有向无环图。这些操作包括建立新的节点、在节点之间加入边、合并两个图以及对任务的输入和输出进行处理等。

微软的 Dryad 与谷歌的 MapReduce 映射原理相似，但不同的是 Dryad 通过 DryadLINQ 实现分布式程序编程设计。通过使用 DryadLINQ 编程，普通的程序员编写的大型数据并行程序能够在大型集群里很轻松地运行。DryadLINQ 开发的程序是一组有顺序的 LrNQ 代码，它们可以针对数据集做任何无副作用的操作，编译器会自动将其中数据并行的部分翻译成并行执行的计划，并交由底层的 Dryad 平台完成计算，从而生成每个节点要执行的代码和静态数据，并为所需要传输的数据类型生成序列化代码。

DryadLINQ 使用和 LINQ 相同的编程模型，并扩展了少量操作符和数据类型以适用数据并行的分布式计算，它是基于 .NET 强类型对象、表达力更强的数据模型，支持通用的命令式和声明式编程（混合编程），从而延续了 LINQ 代码即数据（Treat Code as Data）的特性。

如图 4-8 所示，LINQ 本身是 .NET 引入的一组编程结构，可以像操作数据库中的表一样操作内存中的数据集合。DryadLINQ 提供一种通用的开发/运行支持，而不包含任何与实际业务、算法相关的逻辑，Dryad 和 DryadLINQ 都提供 API。DryadLINQ 使用动态的代码生成器，将 DryadLINQ 表达式编译成 .NET 字节码，这些编译后的字节码会根据调度执行的需要，被传输到执行的机器上。字节码中包含两类代码：完成某个子表达式计算的代码和完成输入输出序列化的代码。

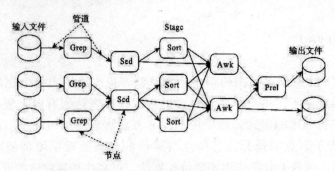

图 4-8　Dryad 任务结构

4.2　实时数据处理

数据具有即时价值，所以事件出现后应该尽快处理，数据处理的时间越快越好，所以，通常情况下发生一个事件进行一次处理，而不是缓存起来成批处理，这是流计算产生的原因。

实时搜索、高频交易、社交网络等新应用的出现将传统数据处理系统推向了边缘。这些新应用需要可扩展性好、能处理高频数据流和大规模数据的流计算解决方案。虽然 MapReduce 等分布式批处理技术能处理的数据量越来越大，但这些技术不适用于数据的实时处理，同时也无法简单地将 MapReduce 变成一个实时计算框架。实时数据处理系统和批量数据处理系统在需求上有着本质的差别，这个差别主要体现在消息管理（数据传输）上。实时处理系统需要维护由消息队列和消息处理者组成的实时处理网络，消息处理者需要从消息队列取出一个消息进行处理、更新数据库、发送消息给其他队列等。主要体现在以下几个方面。

（1）消息处理逻辑的代码占比较少，主要关注消息框架的设计与管理，需要配置把消息发送到哪里、部署消息处理者、部署中间消息节点。

（2）健壮性与容错性：需要保证所有的消息处理者和消息队列正常运行。

（3）伸缩性：当一个消息处理者的消息量达到阈值时，就需要对这些数据进行分流处理，以及配置新的处理者来处理分流的消息。

对于一个分布式消息处理系统，消息队列和消息处理者的组合是分解的最终结果，而消息处理无疑是实时计算的基础。Twitter 的 Storm 和 Yahoo 的 S4（Simple Scalable Streaming System）就是在该背景下提出的解决方案。

4.2.1　Storm

Storm 是一个由 BackType 开发的分布式、容错的实时计算系统，它托管在 GitHub 上，遵循 Eclipse Public License 1.0。Storm 为分布式实时计算提供了一组通用原语，如同 MapReduce 框架的 Map 与 Reduce，可用于"流处理"，实时处理消息并

更新数据库。Storm 的工程师 Nathan Marz 认为：Storm 可以方便地在一个计算机集群中编写与扩展复杂的实时计算，Storm 与实时处理的关系，就好比 Hadoop 与批处理的关系。Storm 保证会处理每个消息，而且速度很快，在一个小集群中，每秒可以处理数以百万计的消息。更值得一谈的是我们可以使用任意编程语言来开发程序。

Storm 的主要特点如下。

（1）简单的编程模型。类似于 MapReduce 降低了并行批处理的复杂性，Storm 降低了进行实时处理的复杂性。

（2）可以使用各种编程语言。可以在 Storm 上使用各种编程语言，默认支持 Clojure、Java、Ruby 和 Python。如果增加对其他语言的支持，只需实现一个简单的 Storm 通信协议即可。

（3）容错性。Storm 会管理工作进程和节点的故障。

（4）水平扩展。计算是在多个线程、进程和服务器之间并行进行的。

（5）可靠的消息处理。Storm 保证每个消息至少能得到一次完整处理。任务失败时，它会负责从消息源重试消息。

（6）快速。系统的设计保证了消息能得到快速处理，使用 ZeroMQ 作为其底层消息队列。

（7）本地模式。Storm 有一个"本地模式"，可以在处理过程中完全模拟 Storm 集群，因此可以快速地进行开发和单元测试。

1. 系统架构

Storm 系统架构如图 4-9 所示，集群由一个主节点和多个工作节点组成。主节点运行了一个名为"Nimbus"的守护进程，用于分配代码、布置任务及故障检测。每个工作节点都运行了一个名为"Supervisor"的守护进程，用于监听工作、开始并终止工作进程。Nimbus 和 Supervisor 都能快速恢复，而且是无状态的，因此它们变得十分健壮，Apache ZooKeeper 完成两者的协调。

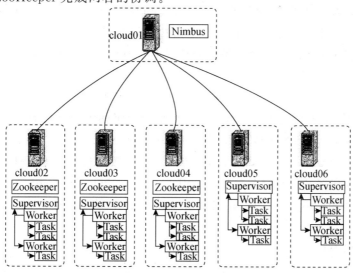

图 4-9　Stom 系统架构

图中的 Worker 是工作进程，每个 Worker 负责一个计算，Worker 可以包含多个并行的 Task 线程，这些 Task 的计算相通。用户配置的并行度和 Worker 数目间接确定了 Worker 上 Task 线程数目。

2. 工作原理

Storm 的术语包括消息流、消息源、消息处理者、任务、工作进程、消息分发策略和拓扑。其中，消息流统指被处理的数据，消息源是源数据，经过处理的数据成为消息处理者，任务是运行于消息源或消息处理者中的线程，工作进程是运行这些线程的进程，消息策略规定了消息处理者接收什么作为输入数据。拓扑是由消息分发策略连接起来的消息源和消息处理者节点网络，如图 4-10 所示。

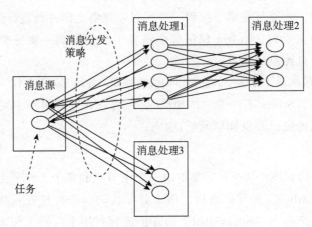

图 4-10 Storm 工作流程

（1）计算拓扑

一个实时计算应用程序的逻辑在 Storm 中被封装到拓扑对象里面。Storm 的拓扑会一直运行，除非用户显示杀死它。一个拓扑是消息源和消息处理者组成的有向图，大多数情况是有向无环图，而链接消息源和消息处理者的则是 Stream 组。

（2）消息流

消息流是 Storm 中最抽象化的关键，它是一个没有边界的元组（Tuple）序列。对消息流的定义主要是对消息流中元组的定义，即对元组里的每个字段的定义（类似于数据库中的表和属性）。元组的字段类型可以是 integer、long、short、byte、string、double、float、boolean 和 byte array；也可以自定义类型——需要实现对应的序列化器。

每个消息流在定义的时候会分配一个 ID。OutputFieldsDeclarer 定义了一些方法让你可以定义一个 Stream 而不用指定这个 ID，在这种情况下，这个 Stream 会有个默认的 ID：1。

（3）消息源

消息源是一个拓扑里面的消息生产者。一般消息源会从一个外部源读取数据并且向拓扑里面发出消息。消息源可以是可靠的也可以是不可靠的。可靠的消息源与不可

靠的消息源之间存在差异，可靠的消息源可以重新发射消息，不可靠的消息源不会重新发射消息。

消息源可以发射多条消息流，使用 OutFieldsDeclarer. declare Stream 可以定义多个消息流，然后使用 SpoutOutputCollector 发射指定的消息流。

消息源类里面最重要的方法是 nextTuple，发射一个新的消息或者返回没有新的消息。要注意 nextTuple 方法不能阻塞消息源（block spout）实现，因为 Storm 在同一个线程上面调用所有消息源的方法。

另外两个比较重要的消息源方法是 Ack 和 Fail。Storm 通过 Ack 和 Fail 保证拓扑的可靠性（容错），消息成功处理时会调用 Ack 标记数据处理的进度（类似于断点），如果消息处理失败，则调用 Fail 恢复。

（4）消息处理者

消息处理逻辑被封装在消息处理者里面，如过滤、聚合、查询数据库等，复杂的消息流处理往往需要经过很多步骤，即经过多步消息处理者。消息处理者可以简单地做消息流的传递，也可以发射多条消息流，使用 OutputFieldsDeclarer. declareStream 定义消息流，使用 OutputCollector. emit 选择要发射的消息流。

Execute 是消息处理者的主要方法，它以一个消息作为输入，消息处理者使用 OutputCollector 发射消息，消息处理者必须要为它处理的每一个消息调用 Output Collector 的 ack 方法，来通知 Storm 这个消息处理完成了。一般的流程是：消息处理者处理一个输入消息，发射 0 个或者多个消息，然后调用 ack 通知 Storm 已经处理过这个消息了，Storm 提供一个 IBasicBolt 自动调用 ack。

（5）消息分发策略

消息流组用来定义一个消息流应该分配给消息处理者上面的多个任务。Storm 里面有如下六种类型的 Stream 组。

①Shuffle 组：随机分组，消息流中的消息进行随机派发，保证每个消息处理者接收到数目相同的消息。

②Fields 组：按字段分组，如按 Userid 分组，具有同样 Userid 的消息会分到相同的消息处理者，而不同的 Userid 则会被分配到不同的消息处理者。

③ All 组：广播发送，所有的消息处理者都会收到所有的消息。

④ Global 组：全局分组，这个消息被分配到 Storm 中的一个消息处理者的其中一个任务，即分配给 ID 值最低的那个任务。

⑤Non 组：不分组，即消息流不关注谁会收到它的消息。目前这种分组和 Shuffle 组是一样的效果，有一点不同的是 Storm 会把这个消息处理者放到其订阅者的线程里面执行。

⑥Direct 组：直接分组，这是一种比较特别的分组方法，用这种分组意味着消息的发送者指定由消息接收者的某个任务处理这个消息。只有被声明为 Direct Stream 的消息流可以声明这种分组方法，而且这种消息必须使用 emitDirect 方法发射。消息处理者可以通过 TopologyContext 获取处理它的消息的 TaskID（OutputCollector. emit 方

法也会返回 TaskID）。

（6）可靠性

Storm 保证每个任务会被拓扑完整地执行。Storm 会追踪由每个消息源任务产生的任务树（一个消息处理者处理一个任务之后可能会发射别的消息，从而可以形成树状结构），跟踪这棵任务树直到这棵树被成功地处理完。每个拓扑都设置有一个消息超时程序，如果 Storm 在这个时间内检测不到某个消息树有没有执行成功，那么拓扑会把这个消息标记为执行失败，并且会重新发射这个消息。

为了利用 Storm 的可靠性，在发出一个新消息以及处理完成一个消息时必须通知 Storm，这都是由 OutPutCollector 完成的。通过它的 Emit 方法通知产生了一个新消息，通过它的 Ack 方法通知处理完成了一个消息。

（7）任务

每一个消息源和消息处理者会被当作很多任务在整个集群里面执行。每一个任务对应到一个线程，而 Stream 组则是定义怎么从一堆任务发射消息到另外一堆任务。可以调用 TopologyBuilder.setSpout 和 TopBuilder.setBolt 设置并行度来决定有多少个任务。

（8）工作进程

一个拓扑可能会在一个或者多个工作进程中执行，每个工作进程执行整个拓扑的一部分。对于并行度是 300 的拓扑，如果使用 50 个工作进程执行，那么每个工作进程会处理其中的 6 个任务。Storm 会尽量均匀地将拓扑分配给所有的工作进程。优先级是 default.xml＜Storm.xml＜ TOPOLOGY-SPECIFIC。

3. 实例工作流程

一个拓扑的工作流程可描述为以下步骤，特别注意的是控制信息（包括执行代码）的交流都是通过 ZooKeeper 进行的，Nimbus 和 Supervisor 不存在直接通信；数据通信是任务之间通过端口使用 Socket 实现的。

（1）上传拓扑的代码

首先由 Nimbus＄lface 的 beginFileUpload、uploadChunk 以及 finishFileUpload 方法把用户的 jar 包上传到 Nimbus 服务器上的/inbox 目录。

```
/{ Storm-local-dir}
I
I -/Nimbus
    I
    ｜-/inbox      //从 Nimbus 客户端上传的 jar 包在这个目录里面
      l-/Stormjar-{uuid}.jar     //上传的 jar 包,其中{uuid}表示生成的一个 uuid
```

（2）运行拓扑之前的一些检查

拓扑的代码上传之后，Nimbus＄lface 的 submitTopology 方法负责对这个拓扑进行处理，首先要对 Storm 本身以及拓扑进行一些校验。

①检查 Storm 的状态是否是活动的。

②检查是否已经有同名的拓扑在 Storm 中运行了。

③因为应用会在代码里面给消息源和消息处理者指定 ID，Storm 会检查是否有两个消息源和消息处理者使用了相同的 ID。

④任何一个 ID 都不能以 "" 开头，这种命名方式是系统保留的。

（3）建立拓扑的本地目录

在 Nimbus 上为这个拓扑建立本地目录。

/{ Storm-local-dir}

I

I-/Nimbus

I

I -/inbox   //从 Nimbus 客户端上传的 jar 包在这个目录里面

  I I

I   I -/Stormj ar-{uuidl}. j ar//上传的 jar 包,其中{uuid}表示生成的一个 uuid

  I

I-/Stormdist

I

I -/ { Topoloqy-ID }

I

I-/Stormj ar. j ar   //包含这个拓扑所有代码的 jar 包（从 Nimbus/ inbox 里面移过来的）

     I

    l-/Stormcode. ser   //这个拓扑对象的序列化

l -/Stormconf. ser   //运行这个拓扑的配置

（4）建立拓扑在 ZooKeeper 上的心跳目录

Nimbus 要求每个 Supervisor 的任务每隔一定时间要发送一个心跳信息，以保证拓扑还在正常运行。如果有任务超时，Nimbus 会认为这个任务出错了，然后进行重新分配。Zookeeper 上面的心跳目录如下。

I-/Taskbeats   //所有任务的心跳

I

I —/{ Topology-ID}   //保存这个拓扑的所有的任务的心跳信息

I

I-/{Task-ID}   //任务的心跳信息,包括心跳的时间,任务运行

                         时间以及一些统计信息

（5）计算拓扑的工作量

Nimbus 对每个拓扑都会计算其需要多少个任务，然后根据拓扑定义中给的 parallelism hint 参数来设定消息源/消息处理者的任务数目，并且分配对应的 Task-ID，并且把分配好 Task 的信息写入 ZooKeeper 上的/Task 目录下。

I-/Tasks   //所有的任务

  I

I-/｛Topology-ID｝ //这个目录下面 ID 为｛Topology-ID｝的拓扑
所对应的所有的 Task-ID
I-/｛Task-ID｝　　　//这个文件里面保存的是这个任务对应的 Component-
ID:可能是 Spout—ID 或者 Bolt-ID

｛Task-ID｝文件里面存储的是消息源/消息处理者的 ID,这是一个细化工作量的过程。例如,假设拓扑里面有一个消息源和一个消息处理者,其中消息源的 Parallelism是 2,Bolt 的 Parallelism 是 4,那么这个拓扑的总工作量是 6,即一共有 6 个任务,那么/Tasks/｛Topology-ID｝下面一共会有 6 个以 Task-ID 命名的文件,其中两个文件的内容是消息源的 ID,四个文件的内容是消息处理者的 ID。

（6）把计算好的工作分配给 Supervisor

Nimbus 给 Supervisor 分配工作的单位是任务,Assignment 表示一个拓扑的任务分配信息。

（defrecord Assignment［Master-Code-Dir node　　Host Task　　Node＋Port
Task　　Start-Time-Secs］）

其核心数据就是 Task　　Node＋Port,它是从 Task-ID 到 Supervisor-ID＋Port 的映射,即把这个任务分配给某台机器的某个端口。工作分配信息会写入 ZooKeeper 的目录。

/-｛Storm-zk-root｝　　　　　　//Storm 在 ZooKeeper 上的根目录
　I
I-/assignments　　　　　　//拓扑的任务分配信息
I-/｛Topology-ID｝　　　　　//保存的是每个拓扑的分配信息包括:对应的
Nimbus 上的代码目录,所有 Task 的启动时间,
每个任务与机器、端口的映射

（7）正式运行拓扑

启动拓扑就是向 ZooKeeper 对应的目录写入拓扑的信息。

I -/Storms　　　　//这个目录保存所有正在运行的拓扑的 ID
　I
　I -/｛topology-ID｝　//这个文件保存这个拓扑的一些信息,包括拓扑
的名字,拓扑开始运行的时间以及这个拓扑的
状态(具体看 StormBase 类)

（8）Supervisor 领取任务

Supervisor 周期性地通过心跳信息,到 ZooKeeper 中检查是否有分配的任务。

①查看 Storm 里面是否存在新提交且没有下载的拓扑的代码,如果存在,就下载这个新拓扑代码,而不管这个拓扑是否由它负责。

②将不再运行的拓扑代码删除。

③如果 Nimbus 给它指派了新任务（Task-ID 对应到的拓扑的消息源或者消息处理者）,则把这些任务交给工作进程处理。

（9）Worker 执行

①首先到 ZooKeeper 上查看分配的任务（Task-ID）。

②然后根据这些 Task-ID 找出所对应的拓扑的消息源/消息处理者。

③计算出它所代表的这些消息源/消息处理者会给哪些任务发送消息。

④建立到步骤③里面所计算的任务的连接，然后在需要发送消息的时候就通过这些连接发送。

（10）拓扑的终止

除非显示终止一个拓扑，否则会一直运行，可以用 Storm kill（Stormname）命令终止一个拓扑。

调用终止命令的同时，Storm-cluster-state 的 remove-Storm! 命令也会被调用，把 ZooKeeper 上面的/Tasks 和/assignments，以及/Storms 下面的有关这个 Topology 的数据都会被删除，这些数据（或者目录）之前都是由 Nimbus 创建的。还剩下/taskbeats 以及/taskerrors 下的数据没有清除，这块数据会在 Supervisor 下次从 Zoo-Keeper 上同步数据的时候删除（Supervisor 会删除那些已经不存在的拓扑相关的数据）。这样这个拓扑的数据就从 Storm 集群上彻底删除了。

4.2.2　S4

S4 是 Yahoo 发布的一个通用的、可扩展性良好的、具有部分容错能力的、支持插件的分布式流计算平台，在该平台上程序员可以很方便地开发处理流数据的应用。

Yahoo 开发 S4 的主要目的是处理用户反馈：在搜索引擎的 "cost-per-click" 广告中，根据当前情景上下文（用户偏好、地理位置、已发生的查询和点击等）估计用户点击的可能性。S4 借鉴 MapReduce，不同处理模块间的"流数据"均采用<Key，Value>的格式。

S4 的设计目标如下。

（1）使用分散、对称的结构（Decentralized and Symmetric Architecture）：无中心节点和特殊功能节点（方便部署和维护）；提供简单的编程接口。

（2）高可用、可扩展性良好。

（3）延时（Minimise Latency）最小化：使用本地内存，尽量避免磁盘 I/O。

（4）可插拔的结构能够满足通用和定制的需要。

（5）设计思想比较人性化：容易编程、比较灵活。

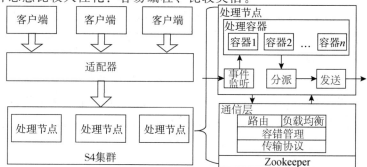

图 4-11　S4 系统架构

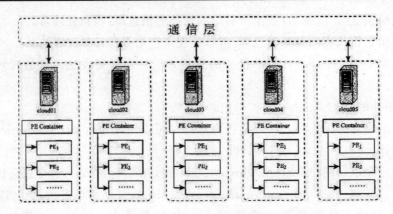

图 4-12 机房 S4Cluster 架构

但 S4 集群运行时不允许添加或删减节点，并且允许故障时的数据丢失，而且也未考虑系统的负载平衡性与健壮性等。

1. 系统架构

S4 提供客户端（Client）和适配器（Adapter），供第三方客户端访问 S4 集群，这就构成了 S4 系统的三个部分，即客户端（Client）、适配器（Adapter）和简单可缩放流处理系统的集群（Simple Scalable Streaming System Cluster，S4Cluster）。这三个部分通过通信协议发送、接收消息，如图 3-20 所示，Client 和 Adapter 之间的交互采用 TCP/IP 协议；Adapter 和 S4 集群之间的交互采用 UDP 协议。

在机房的云计算集群中搭建 S4 Cluster，整个系统的架构如图 4-12 所示，S4 集群由多个节点组成，这些节点是对称的，所有节点功能一样，之间没有主从关系（类似于 P2P）。

为了使整个集群架构满足业务的要求，S4 架构在设计时主要考虑了以下几点。

（1）S4 系统架构的 Actor 模式。为了能在普通机型构成的集群上进行分布式处理，并且集群内部不使用共享内存，S4 架构采用了 Actor 模式，这种模式提供了封装和地址透明语义，因此在允许应用大规模并发的同时，也提供了简单的编程接口。S4 系统通过处理单元（Processing Elements，PE）进行计算，消息在处理单元之间以数据事件的形式传送，PE 消费事件发出一个或多个可能被其他 PE 处理的事件，或者直接发布结果。每个 PE 的状态对于其他 PE 不可见，发出事件和消费事件是 PE 之间唯一的交互模式。框架提供了路由事件到合适的 PE 和创建新 PE 实例的功能。S4 的设计模式符合封装和地址透明的特性。

（2）集群的 P2P 对等架构。为了达到更好的稳定性和扩展性，从而简化部署和运维，S4 采用了对等架构，集群中的所有处理节点都是相同的，没有中心控制。这种架构将使得集群的扩展性良好，处理节点的总数理论上无上限，同时，S4 没有单点容错的问题。

（3）通用模块的可插拔特性。

（4）S4 系统使用 Java 开发，采用了极富层次的模块化编程，每个通用的功能点都尽量抽象出来作为通用模块，而且尽可能让各模块实现可定制化。

（5）部分容错。基于 ZooKeepera 业务的集群管理层将会自动路由事件从失效节点到其他节点。除非节点状态显式地保存到持久性存储，否则节点故障时，节点上处理事件的状态会丢失。

（6）节点通信模式。节点间通信采用简单的 Java 对象（Plain Ordinary JavaObject，POJO）。

2. 关键组件

（1）Client

S4 中所有事件流由 Client 触发。Client 是 S4 提供的第三方客户端，它通过 Driver 组件与 Adapter 进行交互，并通过 Adapter 从 S4 集群接收或者发送消息。

（2）Adapter

Adapter 负责和 S4 Cluster 交互，接受客户端请求发送到 S4 Cluster，监听 S4 Cluster 返回数据并发送到客户端；它和 Client 之间的交互采用 TCP/IP 协议，以提高通信的可靠性；而和 S4 集群之间的交互采用 UDP 协议，以提高传输速率。

Adapter 也是一个 Cluster，其中有多个 Adapter 节点，Client 可以通过多个 Driver 与多个 Adapter 进行通信，这样可以保证单个 Client 在分发大数据量时 Adapter 不会成为瓶颈，也可以确保系统支持多个 Client 应用并发执行的快速、高效和可靠性。

（3）S4 Cluster

S4 集群中包括多个处理节点，这些处理节点通过通信层进行交互。节点的结构如图 3-22 所示。

（4）处理单元（Processing Node，PN）

处理单元是 S4 中最基本的计算单元。每个 PE 的实例由四个要素唯一标识：①由一个 PE 类和相关配置定义的功能；②PE 所消费的事件的类型；③这些事件所带关键字的属性（Keyed Attribute）；④这些事件所带关键字的属性是 Value 值。

处理单元是一个逻辑节点，负责监听消息，并对消息进行处理，然后通过通信层将事件在集群中分发。S4 在分发事件时，主要依据事件的 Key 值，对其进行哈希运算，根据哈希值在集群中把任务分发/路由到不同的 PN 节点。PN 中的事件监听器将监听到的事件传递给 PE 容器（PEC），PE 容器以适当的顺序调用适当的 PE。

以上设计的一个结果是，所有包含特定属性值的事件会到达相应的 PN 上，并被路由到 PN 内相应的 PE 上。每个编键的（Keyed）PE 能够映射到一个确定的 PN，映射的规则需要通过一个哈希函数作用于 PE 的属性值上。

每个 PE 只消费那些事件类型、属性 Key、属性 Value 都和自己标识相匹配的事件。注意系统平台会为每个属性值初始化一个 PE。每当事件中出现一个新的单词，S4 就为其创建一个新的 PE 实例。

有一种比较特殊的 PE 它没有 Key，即没有属性 Key 和属性 Value。这种 PE 消费相关类型的所有事件，被用作初始化和 PE 的克隆。无 Key 的 PE 一般在一个 S4 集群的输入层使用，事件在此时会被赋予一个 Key。

有一些内置的 PE 用来处理如统计、聚合、连接等标准任务。使用这些标准 PE 可以完成许多任务，并且不需要额外的编码。所处理的任务使用一个配置文件定义，另外使用 S4 的 sdk 可以很容易地编写定制的 PE。

对于有大量唯一 Key 的应用，可能有必要随着时间的推移清除 PE 对象。最简单的方法是给每个 PE 对象加一个时间戳。如果在一个特定的时间段内与这个 PE 相关的事件没有到达，就可以清除它。当系统回收内存时，清除 PE 对象，其之前的状态也丢失了。这是一种比较简单的内存管理策略，但是其效率并不是很高。为了极大化地提高服务质量，应该恰当清除 PE 对象，在系统可用内存和对象对系统整体性能影响的基础上来进行清除。设想一种 PE 对象可以提供其优先级或重要性更高的方案，由应用来决定这个值，因此其逻辑应该由应用开发者实现。

PN 上包含 PE 容器、事件监听器、分派以及发送，下面分别对其进行介绍。

①PE 容器（Processing Element Container）是一个 PE 的容器，其中包含了很多个 PE。PEC 内部有一个阻塞队列，事件被放入到此队列中。PEC 根据接收的事件调用对应的 PE 实例，若不存在该 PE 实例，则调用无属性的 PE（无 Key 和 Value 属性）来克隆一个 PE 实例。每个 PE 实例存在一个生存时间。

②事件监听器（Event Listener）负责监听 PN 端口，并接收从其他 PN 发送过来的事件。

③ Dispatcher 和 Emiter：S4 根据关键字的属性的取值分发/路由事件到不同的节点和处理单元。具体流程是，PE 处理完逻辑后根据其定义的输出方法可以输出事件，事件交由 Dispatcher 与通信层进行交互并由 Emiter 输出至逻辑节点。总之，所有包含特性属性值的事件在理论上都能通过哈希函数得到相应的 PN，并被路由到 PN 内的 PE 上处理。

（5）通信层

集群管理功能：故障恢复（Failover）到备用节点，逻辑节点到物理节点的映射。它自动检测硬件故障并更新相应物理节点和逻辑节点之间的映射。发送消息时只指定逻辑节点，发送者不会感知物理节点的存在或故障导致的逻辑节点重映射。

API：通信层的 API 提供几种语言的绑定（如 Java、C++）。遗留系统可以使用通信层的 API 以循环的模式发送输入事件到 S4 集群中的节点。

网络协议：通信层使用一个插件式的架构选择网络协议。可能以可靠或不可靠的方式发送事件。控制消息可能需要可靠发送，而数据消息可能不需要可靠发送以达到最大化吞吐量。

ZooKeeper 协作管理：通信层使用 ZooKeeper 分配物理节点到这些 S4 任务集群。特定的任务分配给一个活动节点的集合，剩余的空闲节点仍然保留在池中以备不时之需（如故障恢复或动态负载均衡）。特别地，一个空闲节点可能同时作为多个不用任务的多组活动节点的冷备。

（6）配置管理层

配置管理系统主要用于对集群的操作，包括为 S4 任务创建和销毁集群、分配新的

物理节点到 S4 任务集群中、把空闲的集群作为多个不用任务的多组活动节点冷备份。这里的一致性保证交由 ZooKeeper 处理。

3. S4/作流实例

S4 将一个流抽象为由（K，A）形式的元素组成的序列，这里 K 和 A 分别是键和属性。在这种抽象的基础上 S4 设计了能够消费和发出这些（K，A）元素的组件，也就是 PE。在 S4 中最小的数据处理单元是 PE，每个 PE 实例只消费事件类型、属性 Key、属性 Value 都匹配的事件，并最终输出结果或者输出新的（K，A）元素。

如图 3-21 所示，以计算单词数目的 Top-K 为例，解释 S4 的数据处理流程。输入事件包含了一个英文报价单（Quote）文档。Quote 事件没有 Key，直接发送给 S4。

PE1：监听 Quote 事件。PE1 是一个无 key 的 PE 对象，处理所有 Quote 事件。

对文档中每一个唯一的 Word，PE1 对象对其计数并发出一个新的 WordEvent 事件，将 Word 作为 Key。PE1 对象监听以 Word 为 Key 发出的 WordEvent 事件。例如，Key 为 word＝"said" 的 WordCountPE 对象（PE2）。

PE2：接受所有 word＝"said" 的 WordEvent 类型事件。当一个 Key 为 word＝"said" 的 WordEvent 事件到达，S4 以 word＝"said" 为 key 查找 WordCountPE 对象。

如果 WordCountPE 对象存在，则该 PE 对象被调用，计数增加，否则初始化一个新的 WordCountPE 对象。

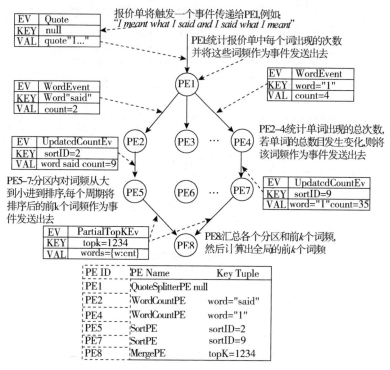

图 4-13 S4 工作流实例

当一个 WordCountPE 对象增加其计数时，它就将更新后的计数发送给一个

SortPE 对象（如 PE5）。SortPE 对象的 key 是一个 [1，z] 之间的随机整数，n 是想要的 SortPE 对象的总数。当一个 WordCountPE 对象选择了一个 sortID 之后，在其后续生存期就一直使用这个 sortID。使用一个以上 SortPE 对象是为了更好地在多个节点处理器之间分布负载。例如，Key 为 Word＝"sald"的 WordCountPE 对象发送一个 UpdatedCountEvent 事件给一个 key 为 sortID＝2（PE5）的 SortPE 对象。每个 SortPE 对象在收到 UpdatedCountEvent 事件时就更新其 Top-K 列表。每个 SortPE 对象定时发送其作为部分的 Top-K 列表给一个单独的 MergePE 对象（PE8），使用任意一个约定的属性键，在这个列子中是 Top-K＝1234。MergePE 对象（PE8）合并从 SortPE 得到的列表，然后得到最后的 Top-K 列表。

从该工作流实例可以看出，PE 对象构成了整个 S4 工作流，这些 PE 对象都是相对独立的计算单元，它们消费与其匹配的事件，各个 PE 之间通过消息传递发送事件，构成了整个事件的分析过程。

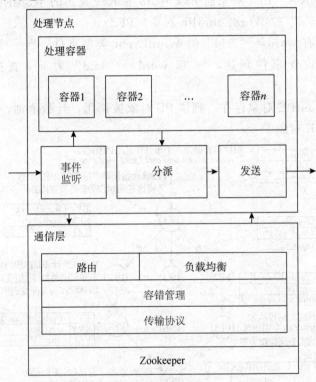

图 4-14　处理节点

第 5 章　数据查询分析计算系统

Hive 和 Hbase 是两种基于 Hadoop 的不同技术。Hive 是一种类 SQL 的引擎，并且运行 MapReduce 任务，Hbase 是一种在 Hadoop 之上的 NoSQL 的 Key/vale 数据库。当然，我们可以同时使用这两种工具。就像用百度来搜索，用 FaceBook 进行社交一样，可以用 Hive 来进行统计查询，用 HBase 来进行实时查询，数据也可以从 Hive 写到 Hbase，设置再从 Hbase 写回 Hive。

1. HBase 和 Hive 的特点

HBase 通过存储 Key/Value 来工作。它主要支持四种操作：增加或者更新行，查看一个范围内的 cell，获取指定的行，删除指定的行、列或者是列的版本。版本信息用来获取历史数据（每一行的历史数据可以被删除，然后通过 Hbase Compactions 就可以释放出空间）。虽然 HBase 包括表格，但是 Schema 仅仅被表格和列簇所要求，列不需要 Schema。Hbase 的表格包括增加/计数功能。

Hive 帮助熟悉 SQL 的人运行 MapReduce 任务。因为它是 JDBC 兼容的，同时，Hive 也能够和现存的 SQL 工具整合在一起。运行 Hive 查询需要耗费相当长的时间，因为它会默认遍历表中所有的数据。虽然 Hive 有这样的缺点，但是一次遍历的数据量是可以通过 Hive 的分区机制来控制的。分区允许在数据集上运行过滤查询，这些数据集存储到不同的文件夹内，查询的时候只需要遍历指定文件夹（分区）中的数据。这种机制可以用来只处理在某一个时间范围内的文件，只要这些文件名中包括了时间格式。

2. HBase 和 Hive 受制约条件

HBase 查询通过特定语言编写，这种语言需要重新学习。类 SQL 的功能可以通过 Apache Phonenix 实现，但这是以必须提供 Schema 为代价的。另外，Hbase 也并不能兼容所有的 ACID 特性，虽然它支持某些特性。但不是最重要的——为了运行 Hbase、Zookeeper 是必须的，Zookeeper 是一个用来进行分布式协调的服务，这些服务包括配置服务，维护元信息和命名空间服务。

Hive 目前不支持更新操作。另外，由于 Hive 在 hadoop 上运行批量操作所花费的时间较长，通常是几分钟到几个小时才能够获取到查询结果。Hive 必须提供预先定义好的 Schema 将文件和目录映射到列，并且 Hive 与 ACID 不兼容。

4. Hbase 和 Hive 的应用

大数据的实时查询用 Hbase 来进行非常合适。Facebook 用 Hbase 进行消息和实时的分析。它也可以用来统计 Facebook 的连接数。

Hive 适合用来对一段时间内的数据进行分析查询,例如,用来计算趋势或者网站的日志。Hive 不适用于进行实时查询,因为其返回结果的时间太长。

5.1 HBase 的搭建与使用

HBase 是一个分布式的、面向列的开源数据库。HBase 在 Hadoop 之上提供了类似于 BigTable 的能力。HBase 与一般的关系数据库存在差别,它适合于非结构化数据存储。本节将使用 4 台节点机组成集群,每个节点机上安装 CentOS-6.5-x86 _ 64 系统,4 台节点机需要搭建好 Hadoop 分布式系统环境。

5.1.1 HBase 环境的搭建

Hadoop 是分布式平台,能把计算和存储都由 Hadoop 自动调节分布到接入的计算机单元中。HBase 是 Hadoop 上实现的数据库,Hadoop 和 HBase 是分布式计算与分布式数据库存储的有效组合。本小节主要介绍 HBase 环境的搭建和设置。

(1) 搭建 Hadoop 运行环境。

(2) 登录 Nodel 节点机,创建 Hbase 目录。

I ♯mkdir - p/home/hbase

(3) 登录 Nodel 节点机,修改 Hadoop 用户宿主目录的配置文件。

I ♯vi/home/Hadoop/. bash_profile

修改内容:

IPATH= $ PATH: $ HOME/bin: /home/hbase/bin

添加内容:

I export   HBASE_HOME=/home/hbase

(4) 上传 hbase-1. 1. 2-bin. tar. gz 软件包到 nodel 节点机的/root 目录下。

(5) 安装系统主要是解压、移动。

I ♯   tar   xzvf /root/hbase-1. 1. 2-bin. tar. gz

I ♯   cd /root/hbase-1. 1. 2

I ♯   mv * /home/hbase

(6) 修改 HBase 配置文件。

需要修改的 HBase 配置文件主要有 hbase-env. sh. hbase-site. xml 和 regionservers,配置文件存放在/home/hbase/conf/目录中。

①修改 hbase-env. sh 文件。

I ♯cd/home/hbase/conf

I ♯vi/home/hbase/conf/hbase-env. sh

修改两处内容如下。

I export JAVA_HOME=/usr/lib/jvm/java-1. 7. 0

Ｉ export HBASE_MANAGES_ZK＝true

②改 hbase-site. xml 文件，添加如下内容。

＜configuration＞

＜property＞

＜name＞hbase. master ＜/name＞　　　＃指明 master 节点

＜/property＞

＜property＞

＜name＞hbase. master. port＜/name＞

＜value＞60000＜/value＞

＜/property＞

＜property＞

＜name＞hba se . rootdir＜/name＞　　＃指明数据位置

　　　　　　　　　　　　　　　　　＜value＞hdfs：//nodel：9000/hbase＜

　　　　　　　　　　　　　　/value＞　　＃该值 hdfs：//nodel：9000 与

　　　　　　　　　　　　Hadoop 的 core-site. xml 配置相同

＜/property＞

＜property＞

＜name＞hbase. cluster. distributed＜/name＞　　　＃指明是否配置成为集群模式

＜value＞true＜/value＞

＜/property＞

＜property＞

＜name＞hbase. zookeeper . quorum＜/name＞　　＃指明 zookeeper 安装节点，为单数

＜value＞node2，node 3 ，node 4 ＜/value＞

＜/property＞

＜property＞

＜name＞hbase. zookeeper. property. dataDir＜/name＞　　＃指明 zookeeper 数据存储目录

＜value＞/home /hbase/tmp/zookeeper＜/value＞

＜/property＞

＜/configuration＞

③改配置文件 regionservers，添加 slave 节点的机器名或 IP 地址。

Ｉ ＃ vi /home/hbase/conf/regionservers

内容如下。

node2

node3

node4

（7）将 nodel 节点机的 HBase 系统复制到 node2、node3、node4 节点机上。

Ｉ＃ cd /home

Ｉ ＃ scp -r hbase node2：/home

Ｉ ＃ scp -r hbase node3：/home

Ｉ ＃ scp -r hbase node4：/home

（8）分别修改 4 台节点机文件属性。

I ♯ chown -R hadooP：hadooP /home/hbase

5.1.2 HBase 的启动

完成 HBase 的启动，运行状态检查等是本小节的主要任务。

（1）以 Hadoop 用户登录 Nodel 节点机，启动 HBase 服务。

l　$ start-hbase. sh

（2）登录各节点机，检查运行状态。

l　$ jps

Master 节点显示有 HMaster 进程，Slave 节点显示有 HRegionServer 和 HQuo-rumPeer，表示系统启动正常。

（3）打开浏览器，登录 HBase 的 Web 服务，如图 5-1 所示。

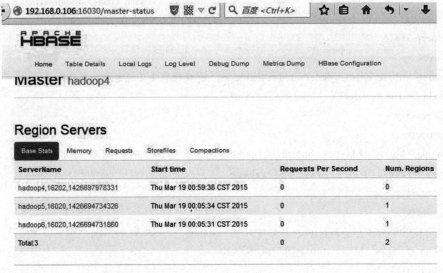

图 5-1　浏览 Web 服务

5.1.3　HBase Shell 的使用

HBase Shell 为用户提供了一种非常方便的使用方式。HBase Shell 提供了 HBase 的大多数命令，通过 HBase Shell 用户可以方便地创建、删除及修改表，还可以向表中添加数据、列出表中的相关信息等。HBase Shell 的主要命令包括：创建表（Create），查看表的结构（Describe），表激活/取消（Enable/Disable），删除表（Drop），表读/写（Get/put）。本小节完成 HBase 数据库的基本操作。

（1）以 Hadoop 用户登录 Nodel 节点机，启动 HBase shell。

l　$ hbase shell

启动成功后显示如下：

l hbase（main）:001:0＞

（2）创建表 scores，包含两个列族：Grade 和 Course。

l   hbase（main）:001:0＞ create ＇scores＇,＇grade＇,＇course

（3）查看当前 HBase 的表。

!   hbase（main）:002:0＞ list

（4）添加记录，命令如下。

l hbase（main）:003:0＞ put＇scores＇,'lijie','grade:','153yun'

l hbase（main）:004:0＞ put＇scores＇,'lijie', 'course:math' ,'85'

l hbase（main）:005:0＞ put＇scores＇,'lijie', 'course:python' ,'78'

l hbase（main）:006:0＞ put＇scores＇,'xie', 'qrade:', '163soft'

l hbase（main）:007:0＞ put＇scores＇,'xie', 'course:math' ,'86'

（5）读记录，命令如下。

l hbase（main）:008:0＞ get＇scores＇,' lijie'

l hbase（main）:009:0＞ get＇scores＇,' lijie', ‘grade'

l hbase（main）:010:0＞ scan＇scores'

l hbase（main）:011:0＞ scan＇scores',{COLUMNS＝＞＇course'}

（6）删除记录，命令如下。

l   hbase（main）:012:0＞ delete ＇scores＇,'lijie', ＇grade'

（7）增加列族，命令如下。

l   hbase（main）:013:0＞ alter＇scores＇, NAME＝＞＇age'

（8）删除列族，命令如下。

l   hbase（main）:014:0＞ alter＇scores＇, NAME＝＞＇age＇,METHOD＝＞＇delete'

（9）查看表结构，命令如下。

l hbase（main）:015:0＞ describe ＇scores'

（10）删除表，命令如下。

l hbase（main）:016:0＞ disable＇scores'

l hbase（main）:017:0＞drop＇scores'

5.1.4 HBase 编程

1.Java API 接口介绍

为了方便编程调用，HBase 提供几个 Java API 接口。

（1）HBaseConfiguration

关系：org. apache. hadoop. hbase. HBaseConfiguration

作用：通过此类可以对 HBase 进行配置。

（2）HBaseAdmin

关系：org. ap ache. hadoop. hbase. client. HBaseAdmin

作用：提供一个接口来管理 HBase 数据库中的表信息。它提供创建表、删除表等方法。

（3）HTableDescriptor

关系：org. apache. hadoop. hbase. client. HTableDescriptor

作用：包含了表的名字及其对应列族。

HTableDescriptor 提供的方法有：

        void addFamily(HColumnDescriptor)   添加一个列族

        HColumnDescriptor removeFamily(byte[] column) 移除一个列族

byte[] getName()   获取表的名字

        byte[]getValue(byte[]key)   获取属性的值

      void setValue(String key. String value)设置属性的值

（4） HColumnDescriptor

关系：org. apache. hadoop. hbase. client. HColumnDescriptor

作用：维护关于列的信息。

HColumnDescriptor 提供的方法有

      byte[] getName()   获取列族的名字

      byte[] getValue()   获取对应的属性的值

      void setValue(String key. String value)设置对应属性的值

（5）HTable

关系：org. apache. hadoop. hbase. client. HTable

作用：用户与 HBase 表进行通信。此方法对于更新操作来说是非线程安全的，如果启动多个线程尝试与单个 HTable 实例进行通信，那么写缓冲器可能会崩溃。

（6）Put

关系：org. apache. hadoop. hbase. client. Put

作用：用于对单个行执行添加操作。

（7）Get

关系：org. apache. hadoop. hbase. client. Get

作用：用于获取单个行的相关信息。

（8）Result

关系：org. apache. hadoop. hbase. client. Result

作用：存储 Get 或 Scan 操作后获取的单行值。

（9）ResultScanner

关系：Interface

作用：客户端获取值的接口。

84

2. 实例

对 HBase 所有编程方式的数据操作访问，均通过 HTableInterface 或实现了 HTableInterface 的 HTable 类完成。两者都支持之前描述的全部 HBase 的主要操作，包括 Get，Scan，Put 和 Delete。

下载 HBase0. 20. 1 版本，解压到 Namenode 节点的 Homehdfs 目录下。

配置说明：

（1）系统所有配置项的默认设置在 hbase-default. xml 中查看，如果需要修改配置项的值，在 hbase-site. xml 中添加配置项。

在分布式模式下安装 HBase，需要添加的最基本的配置项如下：

property

namehbase. rootdirname

valuehdfsnamenode. hdfs54310hbasevalue

descriptionThe directory shared by region servers. description

property

property

namehbase. cluster. distributedname

valuetruevalue

descriptionThe mode the cluster will be in. Possible values are

false standalone and pseudo-distributed setups with managed Zookeeper

true fully-distributed with unmanaged Zookeeper Quorum（see hbase-env. sh）

description

property

（2）在 confhbase-env. sh 中修改添加配置项：

export JAVA_HOME＝usrjavajdk1. 6. 0_16

export HBASE_MANAGES_ZK＝false

export HBASE_CLASSPATH＝homehdfshadoop-0. 20. 1conf

并把～hadoop-0. 20. 1confhdfs-site. xml 拷贝至～hbase-3. 2. 1conf 目录下。

（3）将 ZooKeeper 的配置文件 zoo. cfg 添加到 HBase 所有主机的 CLASSPATH 中。

（4）在 Confregionservers 中添加 Hadoop-0. 20. 1confslaves 中所有的 Datanode 节点。

启动 Hadoop、ZooKeeper 和 HBase 之间应该按照顺序启动和关闭：启动 Hadoop—启动 ZooKeeper 集群—启动 HBase—停止 HBase—停止 ZooKeeper 集群—停止 Hadoop。

在 Namenode 节点执行 binhbase-daemon. sh，启动 Master。执行 binstart-hbase. sh 和 binstop-hbase. sh 脚本启动和停止 HBase 服务。

5. 2　Hive 的搭建与使用

本节我们将使用 4 台节点机组成集群，每个节点机上安装 CentOS-6.5-x86 _ 64 系

统，4 台节点机需要搭建好 Hadoop 分布式系统环境和 HBase 系统。为了支持多用户多会话，选择 MySQL 作为 Hive 元数据库。

5.2.1 MySQL 的搭建

本小节主要介绍 MySQL 数据库的安装和配置，启动 MySQL 服务器，完成一些数据库基本操作。

（1）登录 Nodel 节点机，安装 MySQL，操作如下。

```
# cd /media/CentOS_6.5_Final/Packages/
# rpm -ivh mysql-5.1.71-1.e16.x86_64.rpm
# rpm   -ivh  perl-DBI-1.609-4.e16.x8 6_64.rpm
# rpm -ivh perl-DBD-MySQL-4.013-3.e16.x86_64.rpm
# rpm -ivh mysql-server-5.1.71-1.e16.x86_64.rpm
```

（2）修改配置文件 my.cnf，修改默认字符集。

```
l     # vi /etc/my.cnf
```

在文件内容〔mysqld〕下面增加如下一行。

```
l   character-set-server=utf8
```

在文件末尾添加如下两行。

```
[mysql]
default-character-set=utf8
```

（3）启动 MySQL 服务。

```
# service mysqld start
# chkconfig mysqld on
```

（4）设置管理员密码。

```
l     # mysqladmin -uroot password 123456
```

（5）登录 MySQL 系统。

```
l    #   mysql -uroot -p123456
```

（6）给 Hive 用户授权。

```
lmysql> grant all. n*.* to hive@nodel identified by '123456' with grant option;
```

（7）刷新 MySQL 的系统权限。

```
lmysql> flush privileges;
```

（8）修改用户密码。

```
mysql> use mysql;
mysql> update user set password=password("123456") where user="root";
```

（9）删除空用户。

```
mysql> use mysql;
mysql> delete from user where user="";
```

（10）测试用户，使用 Hive 用户登录 MySQL 系统。

```
# mysql -hnodel -uhive -p123456
```

MySQL 常用操作

登录 MysoL：mysql -uroot -p12346

设置密码：mysqladmin -uroot password 1111

修改密码：mysqladmin -uroot - p1111 password 123456

数据库导出：mysqldump -uroot -p123456 test>test. sql

导入数据库 mysql -uroot -p123456 --default-character-set＝utf8 test＜test. sql

导入数据库— mysql> use test；

　　　　　　　 mysql> source test. sql；

数据导出： mysql>. select * from mytb into outfile '/tmp/mytb. txt'；

导入数据： mysql> load data infile '/tmp/mytb. txt' into table myt} o；

显示数据库：mysql.> show databases；

打开数据库：mysql> use mysql；

显示数据表：mysql> show tables；

显示表结构：mysql> describe user；

显示表的列：mysql> show columns from user；

查看帮助： mysql> help show；

删除表： mysql> drop table mytb；

删除数据库：mysql> drop database mydb；

创建用户： mysql> create user hive@'%' identified by '123456'；

授权： mysql> grant all on *. * to hive@'%' identified by '123456' with grant option；

退出 MySQL：mysql> exit；

5.2.2 Hive 环境的搭建

本小节将介绍 Hive 基本环境的搭建和配置。

（1）搭建 Hadoop 和 HBase 运行环境。此部分内容在 5.2 我们有所涉及。

（2）登录 Nodel 节点机，创建 Hive 目录。

　　# mkdir -p /home/hive

（3）登录 Nodel 节点机，修改 Hadoop 用户宿主目录的配置文件，操作如下。

　　# vi /home/hadoop/. bash_profile

修改内容：

　　　　PATH＝ $ PATH ： $ HOME/bin ：/home/hbase/bin ：/home/hive/bin

添加内容：

export HIVE_HOME＝/home/hive

export HADOOP _HOME＝/home/hadoop

（4）上传 apache-hive-1. 2. 1-bin. tar. gz 软件包到 Nodel 节点机的/root 目录下。

（5）安装系统主要是解压、移动，操作如下。

♯ tar xzvf /root/apache-hive-1. 2. 1-bin. tar. gz

♯ cd /root/apache-hive-1. 2. 1-bin

♯ mv * /home/hive

（6）进入 Conf 目录，修改文件名，操作如下。

♯ cd/home/. hive/conf

♯ mvbeeline-log4 j . properties . template   beeline-log4 j . properties

♯ mv hive-env. sh. template   hive-env. sh

♯ mv hive-exec-log4 j . properties . template   hive-exec-log4 j . properties

♯ mv hive-log4 j . properties . template   hive-log4 j . properties

（7）修改 Hive 配置文件。

Hive 配置文件主要有 hive-env. sh、hive-site. xml，配置文件在/home/ hive/conf/ 目录下。

①修改 hive-env. sh，操作如下。

　　　♯ vi /home/hive/conf/hive-env. sh

添加内容如下。

HADOOP_HOME＝/home/hadoop/

export HIVE_CONF_DIR＝/home/hive/conf

export HIVE_ AUX _JARS _PATH＝/home/hive/lib

②创建配置文件 hive-site. xml，操作如下。

　　♯ vi /home/hive/conf/hive-site. xml

添加内容如下。

＜? xml version＝"1. 0"? ＞

＜? xml-stylesheet type＝"text/xsl" href＝"configuration. xsl"? ＞

＜configuration＞

＜property＞

　　　　＜name＞hive . metastore . warehouse . dir＜/name＞

　　　　＜value＞/home/hive/warehou se＜/value＞

　＜description＞location of default database for the warehouse＜/description＞

＜/property＞

＜! -- metadata database connection configuration --＞

＜property＞

　　　　＜name ＞javax. jdo. option. ConnectionURL＜/name＞

＜value＞jdbc :mysql://nodel：330 6/hive ? createDatabaseIfNotExist＝true＜/value＞

　＜description＞D connect string for a JDBC metastore＜/description＞

＜/property＞

```
<property>
<name>javax. jdo . option. ConnectionUserName</name>
<value>com. mysqk. jdbc. Driver</value >
<description>Driver class name for a JDBC metastore</description>
</property>
<property>    .
        <name>javax. jdo . option. ConnectionDriverName</name>
            <value>com. mysql. jdbc . Driver</value>
    <description>Driver class name for a JDBC metastore</description>
</property>
<property>
        <name>javax. jdo. option. ConnectionDriverName</name>
<value>hive</value>
    <description>username to use against metastore database</description>
</property>
<property>
        <name>javax. jdo . option. ConnectionPassword</name>
    <value>123456</value>    .
    <description>password to use against metastore database</description>
</property>
</configuration>
```

（8）上传 mysql-connector-j ava- 5. 1. 34-bin. jar 到 Nodel 节点机的/home/hive/lib 目录下。

（9）修改/home/hive 下的文件属性，操作如下。

＃chown—R hadoop：hadoop /home/hive

（10）把 Hive 目录下的新版 jline 拷贝到 Hadoop 目录下。

＃cp—a/home/hive/lib/jline-2. 12. jar /home/hadoop/share/hadoop/yarn/lib

（11）以 Hadoop 用户登录 Nodel 节点机，执行 Hive。

$ hive --service cli

hive> exit；

（12）报错处理。

①READ-COMMITTED 需要把 bin-log 以 mixed 方式来记录，命令如下。

$ mysql -uroot -p123456

mysql> set global binlog_format='MIXED；

②Hive 对 MySQL 的 UTF-8 编码方式有限制，命令如下。

mysql> alter database hive character set latinl；

③使用 Hive 分析日志作业很多的时候，需要修改 MySQL 的默认连接数。

　　＃ vi /etc/my. cnf

在 [mysqld] 中添加如下内容。

Max_connections＝1000

第 6 章　云存储

在云计算概念上延伸和发展出来一个新的概念云存储，它是指通过集群应用、网格技术或分布式文件系统等功能，将网络中大量各种不同类型的存储设备通过应用软件集合起来协同工作，共同对外提供数据存储和业务访问功能的一个系统。当云计算系统运算和处理的核心是大量数据的存储和管理时，云计算系统中就需要配置大量的存储设备，那么云计算系统就会变成一个云存储系统，所以云存储是云计算系统的数据存储和管理核心。图 6-1 所示为云存储的简易结构。

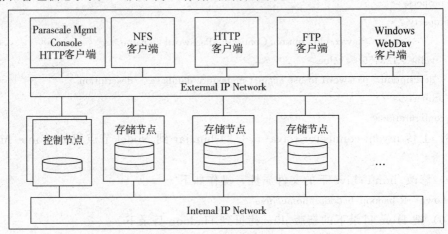

图 6-1　云存储的简易结构

图 6-1 中存储节点（Storage Node）负责存放文件，控制节点（Control Node）则完成文件索引，并负责监控存储节点间容量和负载的均衡，把这两个部分合起来就组成一个云存储。存储节点与控制节点都是单纯的服务器，只是存储节点的硬盘多一些，而控制节点服务器不需要具备 RAID 的功能，只要能安装高级操作系统就可以了。每个存储节点和控制节点至少要有两片网卡，一片负责内部存储节点与控制节点的沟通、数据迁移，另一片负责对外应用端的数据读写，当对外一片网卡不够时可以多装几片。

NFS、HTTP、FTP 和 Windows WebDav 等是应用端，图 6-1 左上角的 Mgmt 负责云存储中存储节点的管理，一般为一台个人计算机。从应用端看来，云存储只是一个文件系统，而且一般支持标准的协议，如 NFS、HTTP、FTP 和 Windows WebDav 等，很容易将旧有的系统与云存储结合，而应用端不需要有任何变化。

跟传统的存储设备相比，云存储是一个网络设备、存储设备、服务器、应用软件、公用访问接口、接入网和客户端程序等多个部分组成的复杂系统。各部分以存储设备为核心,通过应用软件来对外提供数据存储和业务访问服务。

目前,国内外许多云存储服务提供商已经提供了相关的对象云存储服务,包括 Amazon 的 S3、谷歌的 Google Storage(GS)云计算存储服务、AT8/,T 推出的基于 EMC Atmos 数据存储基础架构的 AT&T Synaptic Storage as a Service。一些国际标准协会也发布了云数据存储规范,如 SNIA 的 CDMI。但总体上来说,各家云存储服务接口不一,并且是各互联网公司的私有方案,这让用户数据迁移和共享存在很大的障碍;而 CDMI 由于考虑到与传统存储体系的融合,体系架构较为复杂,与各互联网公司提供的对象云存储服务理念不同,而且目前并没有实际的商业服务实现。

6.1　云存储技术

6.1.1　云存储结构

云存储系统的结构模型由四层组成,如图 6-2 所示。

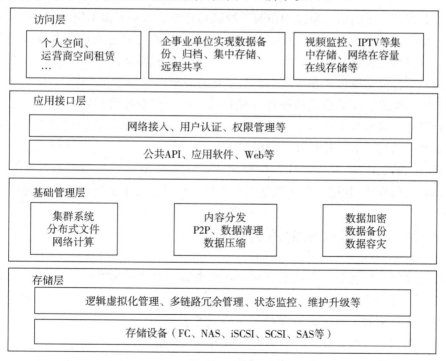

图 6-2　云存储结构模型

1. 存储层

云存储最基础的部分是存储层。存储设备可以是 FC 光纤通道存储设备、可以是

NAS 和 iSCSI 等 IP 存储设备，也可以是 SCSI 或 SAS 等 DAS 存储设备。云存储中的存储设备往往数量规模巨大且分布于不同地域，彼此之间通过广域网、互联网或者 FC 光纤通道网络连接在一起。

存储设备之上是一个统一存储设备管理系统，可以实现存储设备的逻辑虚拟化管理、多链路冗余管理，以及硬件设备的状态监控和维护升级。

2. 基础管理层

基础管理层是云存储最核心的部分，同时也是云存储中最难以实现的部分。基础管理层通过集群系统、分布式文件和网格计算等技术，实现云存储中多个存储设备之间的协同工作，使多个存储设备可以对外提供同一种服务，并提供更大更强更好的数据访问性能。

3. 应用接口层

应用接口层是云存储最灵活多变的部分。不同的云存储运营单位可以根据实际业务类型，开发不同的应用服务接口，提供不同的应用服务。比如视频监控应用平台、IPTV 和视频点播应用平台、网络硬盘引用平台、远程数据备份应用平台等。

4. 访问层

任何一个授权用户都可以通过标准的公用应用接口来登录云存储系统，享受云存储服务。云存储提供的访问类型和访问手段随运营单位的不同而不同。

（1）服务模式。最普遍的情况下，当考虑云存储的时候会采用服务模式提供的服务产品。这种模式很容易开始，也很容易扩展。根据云存储的概念，用户会有一份异地数据的备份，但是该模式在应用中会受带宽的限制。

（2）HW 模式。HW 模式即硬件存储模式，购买整合的硬件存储解决方案会非常方便。且这种模式部署于防火墙的背后，其提供的吞吐量比公共的内部网络要好。但是，完全采用该模式会受硬件设备的限制。

（3）SW 模式。SW 模式即软件存储模式，它具有 HW 模式所没有的价格竞争优势。然而，它的安装/管理过程比较复杂，人们在应用过程中会遇到一些问题。

6.1.2 云存储技术的两种架构

云存储技术的概念最早出现于 Amazon 提供的一项名叫 S3 的服务。在 Amazon 的 S3 服务背后，它还管理着多个商品硬件设备，并捆绑着相应的软件，用于创建一个存储池。从根本上来看，通过添加标准硬件和共享标准网络（公共互联网或私有的企业内部网）的访问，云存储技术很容易扩展云容量和性能。

事实证明，管理数百台服务器与管理一个单一的、大型的存储池设备还是有差异的，管理数百台服务器是一项相当具有挑战性的工作。早期的供应商（如 Amazon）承担了这一重任，并通过在线出租的形式来赢利。其他供应商（如 Google）雇用了大量的工程师在其防火墙内部来实施这种管理，并且定制存储节点以在其上运行应用程序。

由于摩尔定律（Moore's Law）压低了磁盘和 CPU 的商品价格，云存储渐渐成为数据中心中一项具有高度突破性的技术。

对于寻求构建私有云存储以满足其消费的企业 IT 管理者，或是那些寻求构建公有云存储产品从而以服务的形式来提供存储的服务提供商来说，云存储的架构方法分为两类：一种是通过服务来架构，另一种是通过软件或硬件设备来架构。

传统的系统利用紧耦合对称架构，这种架构的设计旨在解决 HPC（High Performance Computing，高性能计算、超级运算）问题，现在其正在向外扩展成为云存储从而满足快速呈现的市场需求。下一代体系结构采用松耦合的非对称体系结构，集中元数据和控制操作。这种体系结构不太适合高性能 HPC，但可以解决云部署的大容量存储需求。

1. 紧耦合对称（Tightly Coupled Symmetric，TCS）架构

构建 TCS 系统是为了解决单一文件性能所面临的挑战，这种挑战限制了传统 NAS 系统的发展。HPC 系统所具有的优势迅速压倒了存储，因为它们需要单一文件的 I/O 操作要比单一设备的 I/O 操作多得多。业内对此的解决方案是创建利用 TCS 架构的产品，很多节点同时伴随着分布式锁管理（锁定文件不同部分的写操作）和缓存一致性功能。这种解决方案对于单文件吞吐量问题很有效，几个不同行业的很多 HPC 客户已经采用了这种解决方案。这个解决方案非常先进，但是需要一定程度的技术经验才能安装和使用。

2. 松弛耦合非对称（Loosely Coupled Asymmetric，LCA）架构

LCA 系统向外扩展的方法不同。它不是通过执行某个策略来让每个节点知道其行动所执行的操作，而是数据路径之外的中央元数据控制服务器。集中控制带来了诸如允许进行新层次的扩展等优势。

（1）存储节点的重点是提供读写服务的要求，不用来自网络节点的确认。

（2）节点能够使用有差异的商品硬件 CPU 和存储配置，并且在云存储中仍然能够发挥作用。

（3）用户调整云存储能够通过利用硬件性能或虚拟化实例。

（4）消除节点之间共享的大量状态开销也可以消除用户计算机互联的需要，如光纤通道或 infiniband，从而进一步减少成本支出。

（5）在当前经济规模下，异构硬件的混合和匹配使用户可以在需要的时候扩大存储，同时它还可以提供可用性永久的数据。

（6）拥有集中元数据表示存储节点可以旋转地进行深层次应用程序归档，而且在控制节点上，元数据通常具有可用性。

虽然在可扩展的 NAS 平台上存在多种选择，但是通常情况下，它们表现为一种服务、一种硬件设备或一种软件解决方案，每种选择都存在优势和劣势。例如，由于大规模数字化数据时代的到来，企业开始使用 YouTube 来分发培训录像。在这里，没有必要将这些数字"资料"播放到随处可见。像以上这些企业正致力于内容的创建和分布，而类似基因组研究、医学影像等应用则会要求更加的严格和准确。ICS 架构的云存储能够很轻松地应对此种类型的工作负载，与此同时还能够提供巨大的成本以及性能和管理优势。

6.1.3　云存储的种类

云存储可分成两类：块存储（Block Storage）与文件存储（File Storage）。

1. 块存储

块存储将数据从单笔写入不同的硬盘，从而使单笔读写带宽更大，适合数据库或需要单笔读写的快速应用程序。对单笔数据读写很快是其优点，而成本较高就是其缺点，并且对于真正海量文件的储存并不能够很好地解决，像 EqualLogic 3PAR 的产品就是这一类。

一个快速变化的单一文件系统，如数据库、共享电子表格等，因为多人共享一个文件，文件需要频繁地更改。要做到这一点，系统必须具有大内存、快速硬盘和快照功能，如块存储类型。

另外，在具有大量写入单个文件的高性能计算应用程序中，由于数百个用户同时读取和写入单个文件，为了提高读写能力，这些文件被分发到需要的大量节点并密切协作以确保数据的完整性，使用块存储，可通过集群软件（如石油勘探和金融数据模拟）处理复杂的数据传输。

2. 文件存储

文件存储是基于文件级别的存储，它是把一个文件放在一个硬盘上，即使文件太大而拆分时，也是放在同一个硬盘上。它的缺点是读取和写入单个文件的能力受到单个硬盘效率的限制。它具有多文件，多人系统的优势，当存储节点增加时，其总带宽可以扩展。它的架构可以无限制地扩容，并且成本低廉，代表的厂商有 Parascale 等。

当现有文件的应用需要并发读取时，使用文件存储是更好的选择，文件和文件系统本身更大，文件寿命更长，成本控制更高。应用场合举例如下：

（1）网站或 IPTV 应用，此时经常读取较大的文件，对总读取带宽的要求较高。

（2）监控应用，此时经常会同时写入多个文件。

（3）备份、存储或搜索文件需要访问长时间存储的文件。

6.2　云存储的应用及面临的问题

6.2.1　云存储的应用领域

1. 备份

备份应用程序正逐渐扩展到消费者模式和一些企业的生产和营销模式之外，进入中小企业市场。其最常见的应用是使用混合存储将最常见的数据保存在本地磁盘上，然后将其复制到云中。

2. 归档

对于云来说，归档是云存储的一个"完美"领域，它将旧数据从自己的设备移动到另一个设备。这种数据移动是安全的，可以进行端对端加密，许多供应商甚至不知道如何保存密钥，因此，他们甚至无法查看数据。混合模式在这个领域也很常见。

用户可将旧资料备份到类似 NFS（Network File System，网络文件系统）或 CIFS（Common Internet File System，公共互联网文件系统）设备中。这个领域的产品或服务供应商有 Nirvanix，Bvcast 和 Iron Mountain 等。

在归档应用程序中，您还需要调整此类产品中的应用程序接口配置。例如，用户想要在存档项目上放置特定的元数据标签。建议在归档开始前指明保留时间并删除冗余数据。云存档的位置取决于云存档服务的提供商。

3. 分配与协作

至于分配与协作，似乎是属于服务供应商提供的范围他们通常使用由 Nirvanix，Bycast，Mezeo，Parscale 等供应商提供的云基础设施产品或服务，或 EMC Atom 或 Cleversafe 等供应商提供的系统级产品。如果您想要使用更传统的档案产品或服务，请考虑来自可调整商店的产品和服务，例如 Permabit 或 Nexsan。

服务供应商将利用这些基础设施，我们将看到这个领域正在开始分化。Box. net 已经在 Facebook 类型模式下工作，Soonr 调整备份以自动将数据移入云中，然后根据需要共享或传输内容。而 Dropbox 和 SpiderOak 开发了功能非常强大的能够进行多平台备份和同步的软件。

4. 共享

在共享时，文件状态的检查还需进一步改进。如果您想知道是谁在进行文件传输，他们在阅读文件过程中看了多长时间及他们在哪些地方发表了评论或提出了疑问等。

6.2.2 云存储对大数据存储的支持

1. 大数据和其快增长的特性是大数据存储技术面临的首要挑战

大数据存储需要底层硬件架构和文件系统比传统技术更具成本效益，并能够灵活扩展存储容量。但是在过去的网络连接存储系统（NAS）和存储区域网络（SAN）等体系中，存储和计算的物理设备通过网络接口分离和连接，这使得在进行数据密集型计算（Data Intensive Computing）时 I/O 容易成为瓶颈。同时，传统的单机文件系统（如 NTFS）和网络文件系统（如 NFS）要求文件系统的数据必须无冗余地存储在一台物理机器上，并且其可扩展性、容错性和并发读写能力均无法满足大数据需求。

云存储系统为谷歌文件系统（GFS）和 Hadoop 的分布式文件系统（HDFS）等大数据存储系统奠定了的基础。与传统系统相比，GFS/HDFS 在物理上结合了计算和存储节点，以避免易于在数据密集计算中形成的 I/O 吞吐量的限制，并且此类分布式存

储系统的文件系统采用分布式架构来实现较高的并发访问能力。大数据存储架构的变化如图 6-3 所示。

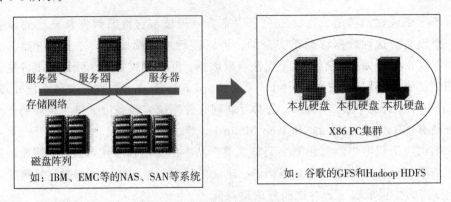

图 6-3　大数据存储架构的变化

2. 大数据给存储技术带来的另一个挑战是多种数据格式的适应性

　　格式多样化是大数据的主要特征之一，它要求大数据存储管理系统能够适应各种非结构化数据高效管理的需求。数据库的一致性（Consistency）、可用性（Availability）和分区容错性（Partition-Tolerance）并非都能达到最优，因此在设计存储系统时需要在 C、A、P 三者之间进行权衡。传统的关系型数据库管理系统（RDBMS）侧重于支持事务处理，以可用性（A）为代价来管理结构化数据表以满足一致性（C）要求。

　　针对大数据设计的新型数据管理技术，如谷歌 BigTable 和 Hadoop HBase 等非关系型数据库（NoSQL，Not only soi_），使用"键—值（Key-Value）"对、文件等非二维表的结构，不仅非常具有包容性，而且还适用于非结构化数据多样化的特点。与此同时．这些 vosoL 数据库主要是分析型的业务，降低了一致性要求，只要保证最终一致性就可以，为改进并发性能保留空间。谷歌于 2012 年发布的 Spanner 数据库，可以使用原子钟在全球任意位置部署，以同步全局精确时钟，系统规模可达到 100～1000 万台机器。Spanner 能够提供强大的一致性，还支持 SoL 接口，代表着数据管理技术的新方向。总体而言，大数据存储管理技术将进一步结合关系型数据库的操作便利性和非关系型数据库的灵活性，以开发新的融合型存储管理技术。

　　总之，现在的问题不是企业是否要使用大数据，而是什么时候使用大数据。通常的数据存储基础设施不适合大数据管理，而云存储为处理、存储和管理大数据提供了一种简单且经济高效的方式。

6.2.3　云存储应用面临的问题

1. 安全性

从云计算诞生开始，安全一直是实施云计算的主要考虑因素之一。同样，对于想要进行云存储的客户而言，安全性通常往往是最重要的业务和技术考虑因素。但是很多用户对云存储的安全性要求比他们自己的架构所能提供的安全水平要高。即便如此，面对如此不切实际的安全要求，许多大型、值得信赖的云存储厂商正在努力构建比多数企业数据中心安全得多的数据中心。用户可以发现，云存储具有较少的安全漏洞和较高的安全环节，云存储可以提供比用户自己的数据中心所能提供的安全性更高的安全级别。

2. 便携性

某些用户在托管存储时也会考虑数据的便携性。通常情况下这是有保证的，一些大型服务提供商所提供的解决方案承诺数据便携性堪比最佳传统本地存储。一些云存储结合了强大的便携功能，可将整个数据集提供给用户选择任何媒介，包括专用存储设备。

3. 性能和可用性

过去的一些托管和远程存储总是存在着过多时间的延迟。同样，互联网本身对服务的可用性构成严重威胁。最新一代云存储在客户端或本地设备高速缓存方面取得了突破性的成就，可以通过本地频繁使用数据来有效地缓解互联网延迟问题。通过本地高速缓存，这些设备即使面临最严重的网络中断也可以缓解延迟问题。这些设备还可以使经常使用的数据像本地存储那样快速响应。通过本地 NAS 网关，云存储甚至可以模拟终端 NAS 设备的可用性、性能和可视性，同时远程保护数据。随着云存储技术的快速发展，制造商将继续致力于实现容量优化和 WAN（广域网）优化，以尽量减少数据传输中的延迟。

4. 数据访问

对云存储技术的现有疑问还在于，如果您执行大量数据请求或数据恢复操作，那么云存储是否能够提供足够的访问权限。在未来，大可不必担心这点，现有的供应商可以将大量的数据传输到任何类型的媒介，可将数据直接传输到企业，传输速度相当于复制和粘贴操作。此外，云存储厂商可以提供一套模拟完全本地化系统上的云地址的组件，从而允许本地 NAS 网关设备继续正常运行而不需要重置。未来，如果大型厂商建立了更多的区域设施，那么数据传输将会更方便。因此，即使客户的本地数据遭受灾难性损失的情况下，云存储厂商也可以快速将数据重新传输回客户的数据中心。

第7章　云计算技术中的网络安全问题

关于云计算技术的讨论焦点在于其网络安全问题。云计算是一种共享基础架构，其将大量计算机连接到有分布任务的资源库，从而使应用程序能够按需获取计算能力。作为资源库的"云"则必须能够自行维护和管理，并且能够向用户提供各种类型的IT服务，这些通常由云服务提供商提供。云服务提供商提供三种层次的服务类型：IaaS（基础设施即服务）、SaaS（软件即服务）、PaaS（平台即服务）。这三个层次都有各不相同的安全问题。其中，IaaS的服务商使用服务器和自动化为用户提供计算以及存储和带宽等资源。用户能够自由构建计算环境，管理自己的计算系统和层次架构（除最底层硬件），并处理云计算服务中遇到的安全问题。常见风险包括：数据泄露、远程认证、服务中断、端到端的加密。

作为中间层，PaaS是为用户提供云计算基础设施（如服务器、防火墙和操作系统）的服务提供商。PaaS中的安全问题来自系统本身和系统管理，它可以体现在应用配置、保密插口层协议SSL、数据不安全许可等三个方面。在云基础架构的默认配置下，运行安全应用程序的可能性为零，并且在不同的操作系统中，不同的安全配置（如Windows）需要能够确保IIS、SQL和.net的安全。在Linux、Apache\MySQL、PHP环境中，使用常见的配置LAMP。SSL是大多数云计算安全应用的基础，已成为当前黑客研究和攻击的焦点，有必要采取有效的方法来缓解SSL攻击。云计算中的数据可能遭遇非法访问，如何保证用户真正的可靠性以及访问决策是否被授权是需要解决的关键问题。

顶级的SaaS的服务模式是一种基于Web客户端的服务模式，许多的安全问题都是不可预测以及无法控制的，完全取决于提供商。其中，SaaS主要面临的是服务器端、数据传输和客户端这三大重要的安全问题。就物理安全性而言，云计算是一种高度集中的技术，允许单个服务器承载很多虚拟机器和很多客户的数据资料。一旦服务器崩溃，即将发生的灾难是不可预知的，因此硬件安全性至关重要。在数据存储方面，采用的存储模式、保护模型以及备份模式等都非常重要。当服务器遭受攻击时，数据恢复问题和灾难响应保障问题是最为重要的问题。在传输方面，互联网是黑客攻击和病毒破坏最为强烈的环节，如何有效加密数据以确保网络传输过程中数据的安全性成为一个重大的难题。目前，随着云计算的普及，云计算的安全性受到越来越多的关注，只有认真地对待每一个可能出现的安全问题，才能长远发展云计算技术，为人类提供便利。

7.1　云计算引发的新的安全问题

7.1.1　统一标准与规定

　　云计算技术是面向全世界服务的一种计算机互联网服务，各国有权制定相应的法律法规来监督管理云计算技术，而不同国家所制定和实施的法律之间总会存在或大或小的差异，这就给跨国运营的云计算技术提供商带来了巨大的挑战，这使得云计算难以在各国之间进行合作。

　　对于云计算技术而言，其运行的最大目的是确保数据库中所有的数据能够以完整安全的方式进行存储和传递，以满足用户对数据的需求。另外，云计算服务系统通常涉及一些类似于硬件和软件的系统运营以及存储工具，并且在服务用户的过程中，应用了一些关于安全性和机密性的技术方法，这些是云计算与传统信息安全模式相通的地方。当然，云计算技术系统在很多方面都与信息安全模式有所不同，云计算中的数据在通常都是处于虚拟状态，这对云计算的管理和维护都提出了很大的挑战，在进行模式转变后，很容易出现隐藏的安全问题，与传统的信息系统相比，这些都是云计算系统的不足和缺陷。

　　云计算模式是近年来刚刚发展起来的，存在许多值得研究和改进的地方。从在整个世界的角度来看，云计算没有统一的数据和服务标准来管理和约束。此外，云计算的服务商有自己独特的操作方式，因此，在整个服务中也存在着许多缺陷。这样，就需要形成一个服务商和用户都认可的系统，以保护用户信息并减少风险。

　　云计算服务现在已经集成了数据存储、互联网服务、内容分发等业务，并且正在扩大其业务范围。由于其庞大的服务模式和业务范围，所以不可能简单地将云计算技术分类为电信业务，更不可能谈论业务服务体系和实施标准。与此同时，当前云计算服务技术的发展并不均衡，也没有制订出相应的服务和管理规则，导致云计算服务行业没有统一标准来执行，这也大大地增加了云计算服务中的安全问题。

7.1.2　信息的安全和数据的恢复

　　云计算的本质和关键在于系统中的数据。作为云计算和信息数据之间传输媒介，互联网存在许多安全问题。例如，在数据传输过程中，轻微的疏忽就会泄露或丢失重要的数据信息，这样往往会导致不可挽回的损失。在信息存储过程中，安全问题不容小视，云计算系统中，数据库具有强大的存储功能和存储空间，云计算系统应该尽可能合理地优化这一空间，由于不可抗力或其他事故被丢失或者删除的数据信息可以进行备份和恢复，以挽回损失。在技术领域上，云计算可以完全克服这一问题。为了避

免在信息传递和存储过程中出现安全问题,并确保云计算系统中提供的所有信息都是有益的和积极的,它已经成为云计算研究领域需要解决的另一个问题[10]。

在云计算的环境中,用户数据在终端操作,用户不知道数据存储的位置,万一发生意外,云服务商无法及时通知用户他们所存储的数据遭受了怎样的攻击,用户也无法对所需输送的数据进行及时的处理。例如:当用户的数据处于操作过程中时,突然遇到诸如停电等突发事件,将无法保证用户的数据。由于数据存放位置不清楚,数据恢复更是无从谈起。而且有可能被不法之徒盗取,这将给用户带来巨大的损失。

7.1.3 不成熟的技术层面

云计算的最大特点就是所有信息、数据和资料的形式都是虚拟的,而应用的技术也是虚拟的,这种强大的虚拟特性,能够很好地解决信息、数据和资料的延展性,容易扩大信息的宽度和广度,提高服务用户的效率。但是,这种虚拟特性是一把双刃剑,在为用户提供服务的过程中,也带来了一些安全问题,一旦出现虚拟信息问题,这种危机将很快蔓延开来,甚至会对整个互联网产生影响,对社会造成严重的损失。

云计算技术是一个需要持续运行的服务平台,为确保向用户提供信息、数据、资料的持续性,对云计算的控制平台提出了很高的要求,必须具备超强的稳定性能,确保数据处理、发布时间和精准度。所以云计算技术的服务平台必须是一个具备强大计算能力和持久的平台。

对于云计算技术来说,其运行的最大目的就是确保数据库中所有数据能够安全、完整地存储和传递,以满足用户对数据的需求。此外,云计算系统通常都会涉及一些系统操作和存储工具,并会使用一些关于安全性和机密性的技术方法,这些都是云计算与传统信息安全模式相似之处。当然,云计算系统也在很多方面不同于信息安全模式,计算云中的数据通常情况下是虚拟状态,这对云计算系统的管理和维护都提出了严峻的挑战,并且在进行模式转变以后很容易会出现安全问题,这些都是云计算系统较传统的信息系统的一些不足和缺陷。

7.2 云计算技术层面怎么应对网络安全

云计算在带来巨大商机的同时,也存在着诸多的安全隐患,例如用户数据的丢失和泄露、数据删除不够彻底、账户服务或通信的威胁、管理界面的损害、内部威胁、不安全的 API、云计算服务的恶意使用等众多运营和使用的风险。这些风险可能会严重破坏用户数据保密性、可用性和完整性。而最重要的是这些风险可能导致经济信息失控等更为严重的后果,因而可能对国家安全造成直接威胁。

7.2.1　制度和标准统一

经过多年的发展，云计算系统已经成为信息传播的大众且高效的平台。然而，毕竟云计算技术刚刚开始出现，在制度和标准的建立上需要更加具体、完善的保护。有必要对云计算系统的运营商和用户进行责任和义务的划分。基于云计算技术的发展模式和业务模式，尽快制定完善的法律法规和行业规范，使得云计算技术这一行业有统一的执行标准和服务条例。例如：引入适当的数据保护法、建立云计算平台网络安全防护体系、建立应急处置预案、明确云计算服务提供商管理职责、规范跨界云计算技术的商业模式，制订用户使用日志留存规范等。云计算服务进一步降低了互联网业务的开发和应用门槛。同时，为信息创造了方便、快捷、廉价的传播渠道，这不仅为用户带来了便利，也为公司带来了效益。由于其利益的驱动，有必要配套建设强有力的管控手段，以确保云计算服务行业的和谐发展。由于云计算服务范围广泛，其管理难度也很大。但是，我们可以根据使用对象和使用范围以及业务模式将云计算服务划分为不同的安全等级要求，例如：根据使用对象可以划分为面向政府、企业和普通用户的云服务；根据使用范围可以划分为私有云、公有云和混合云等，根据业务模式可以划分为提供信息、数据、软件和基础设施资源的云服务等，并根据每个等级的特点和需求提供相应的安全防护标准和等级保护制度。"混合云"的发展，将进一步推动云计算技术的发展。如今云计算技术已经逐渐被推广，众多企业的信息数据将应用虚拟化和自动化，私有云和公共云的过渡与兼容将成为一种趋势。创建可信可靠的"混合云"，完善安全措施，追求高效是一种必然的发展趋势。未来，私有云将成为公共云服务系统的基石，加强 IT 数据中心和混合环境的控制，将成为"混合云"占领市场主导地位的动力之一。此外，还可以建立诚实可靠的第三方公共云服务平台，如由企业提供的云服务平台、由政府开发的公共云服务平台等。经过近几年的发展，云计算技术在国内外都取得了不少成就，成为广大用户可信任的一种服务模式。但是不管是在国内还是国外，云计算技术上都没有形成一个统一的规范，在每一个服务上云计算都有自己独特的一套手段，从而在信息数据的传递和共享方面无法融合，这使得广大的云计算技术发展不集中，更无法形成合力。如果形成一个统一的标准，在应用技术、方式方法上使得各服务商达到统一，这有利于整个云计算服务领域的长远高效的发展。

7.2.2　实现用户数据与信息的加密

通常来说，云计算服务是零星分散开的，这就要求加强对数据访问的监控。数据存在于网上和云技术提供的服务，由于用户授权限制的原因可能无法访问用户域也无法访问控制体系，所以对用户有关隐私数据就无法得到有效的保护。对于一些不良商贩自卖自盗的行为，应该采取相应的措施，其中最有效的莫过于分级分权管理，不同的用户授予不同的权限，根据权限来访问对应数据，同时采取封装策略，不泄露用户

数据的具体存储位置，以此来确保数据的安全。

就云计算安全而言，防止外部人员盗取内部数据至关重要，因此数据的隔离体系显得非常重要，其不仅能够防止外来人员访问内部资料，还能够采用加密技术来确保云计算的安全。在上传之前进行密钥加密，上传后再通过对应的加密方式来解密，这样就能确保安全上传。至于加密的手段有很多，而且加密手段也很成熟。通常来说，在数据加密时，大部分还会同时使用数据切分，就是把数据分成不同的部分分散存储在不同区域的服务器上，这样可以提高数据的安全性。

如果您想预防来自外界的攻击，那就需要通过全过程的保护和秘密的保驾护航来保护存储在硬盘中的数据不被盗取，确保程序免于篡改。在这种情况下，我们无法区分访问是来自进程内还是其他进程：攻击程序和受害程序在同一个平台上运行，另外使用的密码加密程序也是同一个（当然也产生数据摘要）。这样很明显可以看出，安全终端不能仅仅只是抵御来自平台之外的攻击就可以实现的了。这么说吧，有三个层次可以进行进程的隔离。如果存储器在外部的话，进程不同，那么所采取的措施也不同，用来加密数据的密钥也不同，从而生成的加密摘要也不尽相同。如果进程之间可以相互访问然而可以互设不同，不仅在解密方面，很可能会拿到错误的信息。而且系统会在不能通过系统验证的情况下及时制止非法的访问。当然还可以在硬件方面，使得软件可以对密钥、保护模式等进行配置。

数据的完整性就是指在长时间内存储在云端的数据不会随着时间的推移而改变，也不会造成数据丢失。在传统意义上，如果想确保云计算服务器里数据的安全性，可以通过以下几个手段，第一随时拍照，备份是一种相当有效的措施，还有容灾等手段，需要软件硬件来支持数据备份的实现，通过硬件备份就是指再备用一个服务器，两个服务器的数据相同，通过软件备份就是用现有的企业的备份软件来实现，可以按照用户的需求来进行操作包括在线备份、离线备份等，这样对用户的影响很少。云计算的安全环境因为虚拟机的加入而有所改变，但是也带来了很多安全问题。虽然可以解决，但是付出的成本过高（保护机制很复杂而且需要的安全工具和方法与主机使用的完全不同）。引入虚拟机带来的安全问题包括以下内容：攻击未被打补丁，侦听是在脆弱的服务器端口进行，安全措施不到位的账户可能会被劫持，密钥（接入和管理主机）被窃取。

但是，也可以通过选择带有安全模块的虚拟服务器来解决这些问题。此外，在进行逻辑上的隔离和安装时，每一个服务器都需要一个单独的硬盘分区。如果您想要实现虚拟服务器之间的隔离，能够通过 VLAN 和不同的 IP 网来实现，他们之间的通讯能够通过 VPN 和有效的备份来实现。

7.2.3　突破技术层面防范网络安全问题

社会和人类的发展常常都是这样，未来将要发生的事情我们无法预测，云计算系统亦然，同样无法抗拒自然现象和硬件或软件事故的出现，都会影响云计算的平稳运行。而作为服务提供商，你必须要有风险意识，以备不时之需。在技术上给予更完善的保障，形成一套相对完备的保障措施。一旦意外发生，我们就可以立即备份和保护

数据库中的资料。为了防止云计算在网络上的风险，需要技术上的突破。例如，SSL是大多数云计算安全应用程序的基础，但它也可能成为一个主要的病毒载体，这就需要更多的监控和管理。IaaS 云服务商应该确保这一物理架构的安全性。一般来说，只有适当授权的员工才能够访问运营企业的硬件设备。IaaS 提供商应及时对客户的应用数据进行全面的安全检查，以避免诸如执行病毒程序等风险的发生。SaaS 提供商则应最大限度地保证提供给客户的应用程序和相关组件的安全性，用户通常只需要对操作层的安全功能负责，包括用户的访问管理、身份验证等。

云计算技术的安全性实施措施可从服务端和客户端操作。作为服务端，主要由服务的提供商来保证安全性，目前确保云中信息安全的方法主要有建立可信云、安全认证、数据加密、法律和标准协议。例如 Google 的 SaaS 提供的云服务就是具备专业标准的安全保证。数据的安全性和其控制权是企业最关注的问题之一，使用强加密和密钥管理是云计算技术系统保护数据的核心机制。目前云中的机密数据必须通过合同责任、访问控制组、加密措施等进行保障。密钥管理可分为访问密钥存储、保护密钥存储、密钥备份与恢复等。当前有许多标准和指导方针对云中的密钥管理适用，如 OASIS 密钥管理协同协议（KMP），IEEE1619.3 标准等。通过在企业应用程序中加入单点登录 SSO 的认证功能，采用强制用户认证、代理协同认证、资源认证、不同安全域之间的身份认证或者不同身份认证方式相结合的方式。客户端的安全主要体现在网络安全和用户操作安全等方面。云计算的客户端的网络安全最直观的表现就是 Web 应用。由于 Web 浏览器的开放性和自身的脆弱性等原因，经常遭遇攻击，这使得它成为计算中非常脆弱的环节之一。为了保护用户的证书和认证密码不被木马盗窃，就有必要为其提供切实可行的深层次的防御技术。如趋势科技推出主动式服务 TMHD，目前正在研究的 Web 应用防火墙。作为云计算的用户，进行云服务的应用，应该支持安全产品的云安全技术，这样才能在基础设施防御、端点安全、服务器和桌面取证与防御等方面，确保实时可靠的安全签名升级与技术支持的服务。例如：为了保证云 API 密钥的安全性，提供商需要提供多把密钥来分别存储数据和备份数据。为了提高端点的可靠性，端点设备上数据的数量要尽量最小化，防止数据丢失或者无法访问，并确保备份数据在存储和转移时受到适当地保护。推出深入的云安全防御措施。黑客对公共云基础设施和公共云防御措施的理解熟悉肯定会为其攻击公共云提供技术支持，能有效地阻止云计算的驱逐。深入的云安全防御措施的出台将是无法避免的，将通向公共云众多的大门注入新的防御措施以便能够及时地发现所有可能发生的安全事件。关注云数据的安全性，云计算发展速度之迅猛，这不可避免地导致云部署模型从单一模式走向综合模式的优化，各种公共云服务的综合，又必然引发云中庞大数据管理与分析的技术的不断更新，保护企业复合数据源的安全性和完整性是企业所面临的一个巨大挑战。与此同时，云应用的发展也应该注重隐私的精妙程序设置和云安全法则的制订出台。Cloud Foundry 作为最佳开发台被提名，标志着在云计算技术中开发应用软件成为了一种新趋势。对于软件行业而言，云计算的研究与开发，真正为业务和管理的研发提供了一个面向服务的、统一的、动态的编程平台，从根本上消除了诸多限制的发展。

第8章 云计算入侵检测

要确保云计算在传输过程中的安全性能，除了上述问题之外，还有一个迫切需要解决的问题就是如何处理网络入侵方面的问题，其中包括云计算网络传输过程中数据携带的病毒、蠕虫、木马等，所以需要对云计算网络传输进行入侵检测，但传统的网络入侵检测算法，对现在高流量大数据的监测明显有点苍白无力，因此在云计算时代对于入侵检测算法的改进是迫在眉睫的，接下来就云计算网络入侵检测的问题展开研究探讨。

8.1 云计算入侵检测系统简介

云计算中入侵监测系统的定义为（Intrusion Detecn System，简称 IIIS）：云计算网络渠道的监视和分析数据及信息的传播，从而发现来自云计算内部和外部存在的异常。云计算检测系统的具体实施解决方法是假设系统存在问题，也就是系统是不安全的，但入侵行为的存在可以被检测到的，通过监测分析系统和用户的行为来检测。所以 IIIS 的主要作用是检测并提交异常行为，从而发现入侵，其包括以下几个方面。

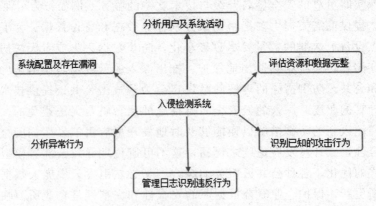

图 8-1 入侵检测系统分析图

（1）监测和分析云数据端用户及系统活动；

（2）检测系统配置及存在的漏洞；

（3）评估系统关键资源和数据文件的完整性；

（4）识别已知的攻击行为；

（5）异常行为的统计分析；

（6）管理操作系统的日志，并识别违反用户安全策略的行为。

8.2　云计算网络入侵检测的分类

　　网络入侵检测主要有两大类，根据数据来源的不同进行的分类，一种是主机型；另外一种是网络型和主机型，主机型主要的参考是日志，此外也可以通过比如那些从主机收集的信息进行分析再进行检测的方式。另一类是网络型，其数据源有别于主机型，其采样依据是网络上的数据包。通常的做法是将网卡设置一下，当云计算网络被传输时，将被传送到网络的数据包进行分析，以做出判断，然后进行防范。

8.3　云计算网络安全入侵检测

　　传统的互联网入侵检测技术在算法上很难解决现有云技术时代的要求，原有的入侵技术在算法上简单地使用 BM 单模式匹配，其速度已经无法满足现有的网络需求，所以在云技术时代的背景下，新的检测模式发起着巨大的作用。

8.3.1　应用于云计算传输的模式匹配检测技术

　　云传输模式匹配是基于攻击的网络数据包分析技术。具有快速分析、低误报率等优点。网络上的每个数据包的具体分析过程如下。

（1）从网络数据包的包头开始和攻击特征进行比较；

（2）如果比较结果相同，则检测到可能的攻击，输出事件结果；

（3）如果比较结果不同，则从网络数据包的下一个位置重新开始比较；

（4）直到检测到攻击或网络数据包中所有字节匹配完毕，攻击特征匹配才结束；

（5）针对每个攻击特征，重复（1）至（3）开始的比较；

（6）直到每个攻击特征匹配完毕，则数据包的匹配分析结束。

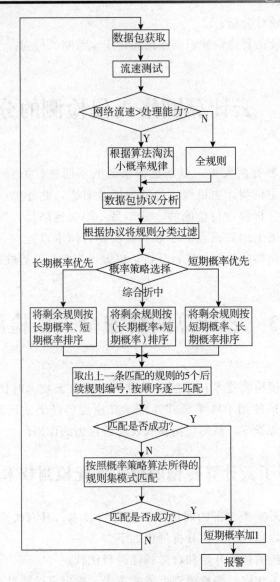

图 8-2　模式匹配检测流程图

云计算检测模块涉及大量字符、字节或者字符串的匹配，因此匹配算法的优劣性对系统检测的性能是最为直接的体现。云计算监测系统中有两种常用的匹配算法，一种是 KMP 算法，另一种是 BM 算法。这两个算法在苛刻的条件下需要消耗呈线性的搜索时间，但是相对来说 BM 算法相对先进，其次数更加少，所以 BM 通常更倾向于云计算来检测（如图 8-2 所示）。

这两种云计算检测算法都采用定长顺序存储结构，并且可以编写不依赖于其他字符串的基本匹配算法。云计算模式匹配算法的基本思路是：首先从云数据的数据包中提取出字符串 S 的字符和模式的第一个字符的比较，如果相等，将继续比较后续的字符；否则，云数据流的下一个字符将与模式的字符进行比较。依次类推，直至模式 T 中的每个字符依次和主串 S 中的一个连续的字符序列相等，则匹配成功，函数值为和

模式 T 中的第一个字符相等的字符在主串 S 中的序号，否则表示匹配不成功，函数值是零。

其具体的检测算法是

```
int   Index(SString S,SString T,int pos) {
    //返回子串 T 在主串 S 中的第 pos 个字符之后的位置的。若不存在,则函数值为 0。
    //其中, T 非空, 1≤pos≤StrLength(S)。
    int i=pos;     int j=1;
    while (i<=S[0]&&j<=T[0]) {
        if (S[i]==T[j])   {++i;++j;}
        else    {i=i-j+2;   j=1;}
    }
    if(j>T[0])   return   i-T[0];
    else return 0;
}// Index
```

然而，模式匹配算法在云计算安全性方面还有值得改进的地方，使其在匹配模式的进一步改进中生成 KMP 算法的速度更快。

8.3.2　KMP 算法在云计算中的应用

KMP 算法是 D. E. Knuth 与 V. RPratt 和 J. H Morris 两人共同研究出来的，因此人们称其为克努特—莫里斯—普拉特操作（简称为 KMP 算法）此算法可以在 O（n+m）的时间数量级上完成模式匹配。因为其速度快等特性被应用于云技术中，常用来检测云端数据传输过程中的数据流。

其特点为：每当一次匹配过程中出现字符不等时，不需要回溯指针，而是利用已经得到的 "部分匹配" 的结果，然后将模式向右 "滑动" 尽可能远的一段距离，接着继续进行比较。算法的基本思想是，云计算传输数据固定主串，移动云传输模式串，对于云传输模式串 P（P1 P2 P3 Pm）和云传输数据主串 S（S1 S2 S3 Sm，n＞m），

（1）若 P＝S，则继续匹配比较，检查 P 和 S。

（2）若 P≠S，则考虑以下两种情况：

①j＝1，则执行 s。和 P 的匹 iELt 较，相当于移动主串到下一个位置重新与模式串匹配；

②若 1＜j＜-m，将模式串向右移动到 Next［j］，即使 j＝ Next［j］，再次比较 P，和 S；

（3）重复上述过程直到 j＞m，表明匹配成功，或者 i＞n-m＋1 表明匹配失败。

构造 next 函数啊 K 归算法的核心。计算 next 函数的代码如下：

```
    void get_next(SString T,int next[])
{   i=1;next[1]=0;j=0;
    while(i＜T[0])
```

```
{
    if(j==0||T[i]==T[j])
    {  ++i;++j;next[i]=j  }
    else j=next[j];
}
}
void get_nextval(SString T,int nextavl[])
{
    i=1;nextavl[1]=0;j=0;
    while(i<T[0])
    {
        if(j==0||T[i]=T[j])
        {
        ++i; ++j;
        if(T[i]! =T[j])
            nextavl[i]=j;
        else nextval[i]=nextval[j];
        }
        else j=nextval[j];
    }
}
```

具体流程图操作如下所示：

将以上主要函数加以主函数写出完整的 C 语言代码，在 Visual C++6.0 中运行。
本操作的流程图如下所示：

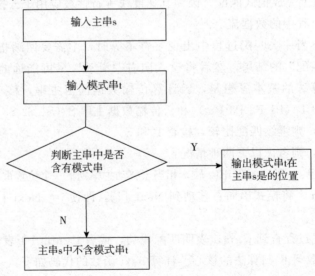

图 8-4　算法检测流程图

当在云计算中运用 KMP 算法时，当有数据在云端客户端进行传输之时，首先云端

数据流提供一个主串,主串相当于模板,当有数据流在用户和云端进行传输时被称为模式串,此时就需要将主串和模式串进行比较,具体流程如下。

(1) 首先有云数据传输主串 S 作为模板;

(2) 数据在传输中为模式串 t;

(3) 将主串和模式串进行比较;

(4) 如果 S 中含有 T,则输出位置;

(5) 如果 S 中不含 T,则输出不含有。

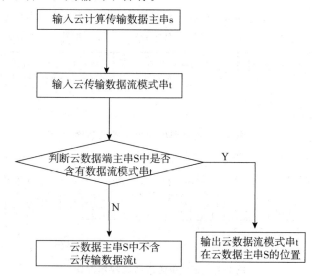

图 8-5　KMP 算法检测流程图

经过这样的比对,能够将两组数据对照以保证传输途中数据的完整性。

8.3.3　BM 算法的云传输检测

Boyer 和 Moore 提出了 BM 算法,其和 KMP 算法相似,都是固定主串位置,将模式串沿着主串向右移动。BM 算法最大的特点是引入了自右向左的模式串匹配技术,其基本原理是:在正文串中每隔一定距离(最大为模式串的长度)取出一个字符,通过字符位置表来判断该字符是否应该在模式串中出现,若应该出现,则进一步判断在模式串的哪个位置出现,由此决定进一步的匹配或移动,否则直接跳过此段匹配。

移动 Shift [1…(z)] 是 BM 算法运行的基础,z 中的字符 ch 通过 index (ch) 函数映射到 Shift 数组的一个下标序号,shift [index (ch)] 记录字符 ch 在模式串中最右出现的位置序号,没有在模式串中出现的字符其对应项的值记为 0。如字符集为 26 个英文字母,模式串 aba. 那么 Shiftl [index (a)] = 3,shift [index (b)] = 2,Shiftl [index (c)] = o。在模式串中出现两个 a,shiftl [index (a)] 表示最右边 a 的位置,因而 Shift [index (a)] = 3 而不是 1。Shiftl 数组在匹配之前先求出。

BM 算法的匹配思想大概如下:模式串由右端开始匹配,当模式串中的字符与对应的正文串字符 ch 不匹配(该字符 ch 被称为失败字符)时,由 Shift 数组查出该失败字符 ch 在模

式串中最右出现的位置 Shift［index（oh）］，若 Shiftl［index（ch）］＞o，产生一个右向移动（令 Shift［index（ch）］表示 m-Shift［index（ch）］，m 为模式串长），移动后正文中的字符 ch 正好与模式串中的字符 ch 位置能够对应，然后重复以上动作，从右向左回溯匹配模式串；若 Shift［index（ch）］＝O，表示 ch 不在模式串出现，正文串当前位置向右移动 m（模式串长度），然后重复开始的动作，从右向左回溯匹配模式串。

以 s_ "example ofthe BoyerMoore algorithm"，P＝ "algorithm" 为例：

algorithm（—Pattern

876543210（——Shift［index（ch）］＝m-Shiffl［index（ch）］

首先比较的是主串中的 "O" 和模式串中的 "m"，如图 8-6 所示。

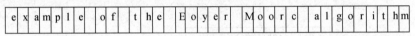

图 8-6　主串和模式串比较示意图

比较不等，查看模式串可知，"o" 出现在模式串中，Shift［index（o）］值为 5，因此将模式串向右移动 5 个位置，继续比较 "e" 和 "m"，如图 8-7 所示。

图 8-7　主串和模式串比较示意图

比较不等，同时发现 "e" 不出现在模式串中，模式串向右移动 9 个位置（模式串长度）

因此将整个模式串向右移动到···et 的下一个位置继续比较。如图 8-8 所示。

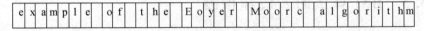

图 8-8　主串和模式串比较示意图

依次比较下去，然后比较相等，如图 8-9 所示

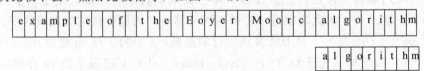

图 8-9　主串和模式串比较示意图

BM 算法的 Create Shift 函数如下所示：

```
void Create_Shift(char＋P,int shift[])
{for(int)o;i<MAxcHAR;i＋＋)//MAXCHAP,为Σ中字符的个数
shift[i]＝stden(P);
for(i＝strlen(P)-1;i_0;i—)
```

if(shifi(P[i])－strlen(P))

shift[P[i]]＝strlen(P)-i-1;

    }

BM 在云计算中的实现需要进一步的改进，以应对更加庞大的数据和高速发展的云时代，其中具体实现过程如下，云端数据主串的位置保持不动，与 KMP 不同的是云传输数据模式串在从右向左移动来查找处传中相似的字符，从主串中取合适长度的字符串进行模式串的匹配，如果出现则记录位置，否则跳过这一段的匹配。

BM 算法的实现示意图，如图 8-10 所示。

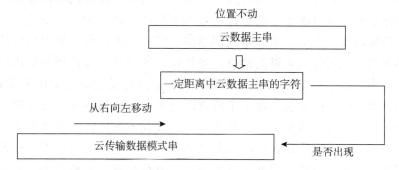

图 8-10　BM 算法的实现示意图

云计算 BM 算法具体流程图的实现跟 KMP 算法相差不多，具体见图 8-11。

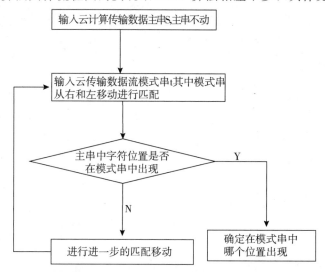

图 8-11　云计算 BM 算法实现具体流程图

8.3.4　云计算应用中两种算法的分析比较

KMP 算法提取字符串中字符间的序列关系作为启发式信息，并根据模式字符串中相同子字符串的位置关系确定匹配失败时移位的步长；BM 算法提取模式字符串中字符的位置信息作为启发函值，但该算法最突出的优势在于将模式字符串的滑动方向和模

式中字符的匹配方向设置为相反的方向，从而极大地提高了匹配的速度，一般来说，BM 算法的速度是 KMP 算法的 3～5 倍。

在当前的入侵检测系统中，BM 检测算法在基于模式匹配的网络级入侵检测中得到了广泛的应用，但是此检测算法在高速网络中检测任务的效果并不理想，随着网络传输速度的迅猛发展，影响检测速度的瓶颈将会是使用 BM 的检测算法。原因在于，这种检测算法的启发函数设计为单模式匹配，不能同时匹配多个模式，速度难以提高。

目前，入侵检测系统中使用的数据包有效载荷攻击检测算法难以满足网络入侵检测系统的需求：首先，网络级入侵检测系统必须检测所有经过网络的数据包，但是速度过慢的数据包有效载荷攻击检测总是产生不必要的延迟，为了网络的安全，就必须降低网络的传输速度，这将严重影响到网络的性能；其次，为了最大程度地确保网络的性能，必须最大化精简不必要的检测，使得在设计网络入侵检测规则库时，检测规则如果设计太多，就会造成规则库内容不完善，进而造成检测过程中的漏检和误检，影响检测的效率和网络的安全。这一矛盾难以避免入侵检测系统，没有哪个入侵检测系统能够保证绝对没有误报和漏报，毕竟攻击手段在不断更新，而规则库的更新在时间上存在一定的滞后性。设计者所能做的只能是尽量减少误报和漏报，在此基础上尽可能提高网络入侵检测速度。因此，设计新的有效载荷攻击检测算法，解决高速网络中检测速度延迟过大的问题，这与当前入侵检测快速发展要求的研究方向是一致的。

第9章 大数据技术的应用

9.1 大数据技术在电子商务领域的应用

1. 大数据技术在电子商务领域的主要应用

大数据技术在电子商务领域的应用主要体现在以下方面。

（1）应用于客户体验

电子商务平台网站的界面结构和功能的关键是吸引大量客户，大多数电商企业为提高客户第一次在交易过程的体验，根据大数据技术分析客户消费行为的历史记录建模，然后在此基础上使用 Web 挖掘技术改进关键字加权法，有效地将用户输入的关键字合理地拓展延伸，改善商品信息检索功能的精准率，并且根据消费习惯的不同，对页面布局进行动态地调整，全面把握客户的实际需求，实现对商品的合理聚类和分类，呈现商品信息的初步浏览效果，如淘宝网根据客户关心某类产品的访问比例和浏览人群来决定广告的商品内容，增加广告的投资回报率。通过对大数据技术的应用，能够满足消费者个性化的需求，改善客户的购物体验，有利于提高客户的购物满意度。

（2）应用于市场营销

电子商务企业引进了先进的大数据技术，在市场营销各环节将人力、财力以及时间成本等方面的成本降到最低。技术部门可以构建分布式存储系统，运用 Web 数据挖掘技术的基础上，将客户在不同网络平台上的个人信息以及动态浏览习惯贴上"标签"，根据不同格式的数据选取不同的存储策略，再对潜在的客户提供更具针对性的商品与服务推销。

（3）应用于库存管理

在零售业，库存销售比是一个重要的效率指标，数据仓库可以实时追踪商品库存的流入与流出，并通过分析市场供求变化的在线数据，准确地把握市场的预期供求动态，合理制订生产计划，减少库存积压风险，提高企业的资金周转能力。

（4）应用于客户管理

为消费者持续提供产品和服务是客户管理的本质。运用大数据分析的优势是电商可以划分普通用户群和核心用户群，并且建立会员信誉度级别。在各大电商平台的领军企业，技术人员利用大数据技术根据买家的消费行为定量定性地评价买家信用，同

时也可以通过跟踪商家的服务质量和产品销量来评价商家的信用，这样买卖双方都能够尽可能地遵守交易规范，以此促进电商交易平台的长远健康发展。

对于客户反馈环节，在传统的市场营销中，采集大量的用户反馈信息，需要动用较多的人力资源电话回访来完成调查问卷表，耗时耗力还效果不佳。国内一些专门将互联网信息分门别类提供给个人和企业单位的公司，如百度和阿里巴巴等，拥有强大的大数据技术和云计算系统，可以快速处理海量数据统计、查询和更新的操作，加工成具有商业价值的数据，为电子商务企业提供了全面而准确的客户反馈信息。

2. 大数据技术在电子商务领域应用中存在的问题

大数据技术在电子商务领域应用中存在的问题主要有以下几点。

大数据是一个具有很强应用驱动性的产业，存在巨大的社会和商业价值。然而，就国内现阶段的大数据技术在电商领域应用的发展状况而言，仍然存在以下问题。

（1）大数据应用的低效率问题。由于操作系统和系统集成技术的多元化发展，导致国内电子商务系统呈现出数据孤岛和异构等现象，导致在交换、共享、协同和控制之间无法实现网络业务。而电商企业的数据和系统独立开发，大数据技术应用所需的海量数据无法在电子商务行业之间共享，不利于大数据在电子商务领域中的多样化和高效率应用。例如，我国目前最大的电子商务平台阿里巴巴，尽管具备相对完善的信息系统基础设施，但因为其数据的封闭性，与其他的互联网企业难以在业务与安全范围内实现互联互通互操作，尤其是新兴的电子商务企业不能承受系统开发和维护费用给企业带来的巨大成本，因而重复开发利用信息资源的低水平，在一定程度上抑制了电子商务行业的协同发展。

（2）大数据技术应用的政策和技术标准不完善问题。尽管大数据技术的应用可以为新兴的电子商务行业发展提供良好的技术支持，但仍处于初级阶段的大数据产业，各种良好应用前景的实现还需要国家政策的大力支持。目前，我国大数据技术应用的相关管理政策还没有明确，没有形成统一的技术标准，对大数据产业统一管理和发展是不利的，是电子商务领域应用的进一步革新的阻碍。

（3）大数据环境下电商企业创新能力较低的问题。大数据作为信息技术的商业潜力，近年来在电子商务企业中被广泛利用，但目前我国在电子商务领域应用大数据技术的创新水平较美国、日本等发达国家还有很大的差距。许多国内的电商企业遭受了由于高强度的数据分析计算导致系统崩溃带来的损失，且大数据资源还无法完全在企业之间进行共享，导致电子商务应用大数据技术封锁和创新能力是有限的，没有充分利用大数据的技术。因此，加快大数据的共享速度，突破技术的障碍，对商业模式进行创新、产品和服务成为大数据环境下电商企业提高核心竞争力的必要手段。

（4）大数据技术在电子商务应用中的数据安全和个人隐私问题。随着数据挖掘等大数据技术在电子商务领域的广泛应用，电子商务交易过程中，网络通道频繁交互信息，使得大数据在采集、共享发布、分析等方面的数据安全和个人隐私问题上日渐凸显。一方面由于各类电商平台信息安全技术的参差不齐，大量分散的数据中关于企业机密和个人敏感信息记录很容易被他人用作不良途径谋取利益，对用户的财产和人身

安全造成威胁；另一方面对于电商企业而言，一些敏感数据的所有权和使用权还没有明确的界定，很多基于大数据的分析都没有考虑到其中涉及的个人隐私问题，因此大数据的处理不够妥善会对用户的隐私造成极大的威胁。

3. 解决对策

（1）提高大数据技术在电子商务领域的应用效率。在解决大数据应用低效率的问题上，云计算技术具有不可替代的优势。它可以利用虚拟化技术和大型服务器集群提高后台的数据处理能力，为用户提供一个统一的、方便的大数据应用服务平台。不同的互联网合作商的相关数据被部署在云计算服务商的数据中心，集成不同的数据处理，甚至实现行业共享，最终为用户提供集中服务。云计算技术的这些特点可以有效地减少电商企业信息系统开发和维护的成本支出，同时在降低运行负荷的情况下，能够提高数据中心的运行效率和可用性。

建立基于云计算模式下的数据存储业务，不仅从云端技术可以提供高效率的大数据计算和超大的数据流量支持，以避免大量用户访问网站突破峰值造成的网络拥堵和系统崩溃，同时存储在云端的数据便于集中式地进行高强度的安全监控，还可以减少被黑客攻击和窃取商业机密数据的可能性。

建立基于云计算模式下的信息共享和业务协作。电商企业、外部供应商、互联网合作企业通过建立基于云计算模式下的信息共享和业务协作，不仅可以实现同步的信息资源共享，提高数据的可重复利用率，减少数据挖掘和数据整合的成本，而且还可通过企业之间的互通、互联、互操作为消费者的业务需求提供更加便捷和高效的服务。

（2）完善大数据技术在电子商务领域应用的政策和技术标准。各级政府要进一步加强信息网络基础设施建设，建设符合未来社会经济需要的数据和信息化基础平台，加大对大数据产业的金融支持力度，将数据加工处理业务纳入享受税收优惠政策人范围，减免大数据技术的自主研发项目的税收，甚至给予一定的补贴，鼓励大数据技术成果产业化，并完善其知识产权保护的法律法规和政策。此外，还应该建立统一权威的信息管理机构，建立健全大数据技术应用的统一技术标准，完善大数据技术在电子商务领域应用的法律保障体系。

（3）提高大数据技术在电子商务领域应用的创新能力。我国应该继续加强国内外大数据技术创新交流与合作，通过不断学习和交流，提升电子商务领域应用大数据技术的创新能力。电商企业也应积极地响应国家"十二五"发展规划，号召创新创业，提高对应用大数据技术的重视程度，改善现有的产品和服务，优化电子商务产业结构，提升企业信息管理部门的 IT 架构承载能力和计算能力，研究新的商业模式，充分利用大数据和云计算技术促进电子商务企业的转型和升级。另外，电子商务企业还需要抓紧时间，储备既具备过硬的专业技术又具备市场营销、运营管理和创新能力的大数据管理和分析人才，以适应"互联网＋"时代对人才的需求。

（4）完善大数据技术在电子商务领域应用的安全技术。为了有效解决电子商务领域应用中大数据技术存在的数据安全和个人隐私问题，应该不断完善交易成功前的两层数据传输安全防护技术以及交易成功后保留在服务器中的数据的客户隐私保护技术，

不断加强大数据技术在电子商务应用中的安全性。

使用身份验证和设备认证技术确保用户身份和相关设备的真实性。身份认证是识别和确认交易双方真实身份的必要环节，也是电子商务交易过程中最薄弱的环节。因为非法用户经常使用密码窃取、修改、伪造信息和阻断服务等方式攻击网络支付系统，妨碍系统资源的合法管理和使用。用户身份认证能够通过三种不同的组合方式来实现：用户所知道的某个秘密信息，如用户自己的密码口令；用户所拥有的某个秘密信息，如智能卡中存储的个人参数；用户所具有的某些生物学特征，如指纹、声纹、虹膜、人脸等。

综合使用数字证书和数字签名技术以确保消息的机密性和不可否认性。在电子商务交易的整个过程中，交易各方必须向授权的第三方"CA机构"颁发身份凭证，以提供自己的真实身份信息。数字证书结合所有各方的身份信息作为信息加密和数字签名的密钥，它为公钥加密和数字签名服务提供了一个安全基础设施平台，通过PKI管理密钥和证书信息，保证电子交易通道网络的安全。从而保障电子交易渠道的网络通信安全和数据报文的机密及不可否认性。

利用隐私保护技术来实现大数据的隐私保护。①基于数据失真的隐私保护技术。数据失真技术通过干扰原始数据，使攻击者无法找到真实的原始数据，且失真后的数据保持某些性质不变，在应用中，大数据技术可以通过该技术实现对私有数据的保护；②基于数据加密的隐私保护技术采用加密技术来隐藏敏感数据的数据挖掘过程，包括安全多方计算、分布式匿名化等方法，实现数据集之间隐私的保护；③基于受限发布的隐私保护技术通过选择性地发布原始数据，而不发布或者发布精度较低的敏感数据，来实现对隐私的保护。

"互联网＋"的时代已经到来，大数据技术在电子商务领域的应用是势在必行的。电商企业应该积极应用大数据技术分析产品、市场和客户等信息，通过分析结果，可以帮助管理者进行经营管理和决策，提高电商企业的市场竞争力。

9.2　大数据及云计算技术在智慧校园中的应用研究

在传统的校园信息化建设过程中，基本都按照"按需、逐个、独立"的原则来建设，每一个应用系统都独立使用服务器，有独立的安全和管理标准以及独立的数据库和独立的展现层，即烟囱式的孤岛架构。虽然在一定程度上这些系统和设备提高了高校的信息化水平，但在逻辑和功能上还存在条块分割问题，并且高校信息化系统所产生的数据也缺少有效的技术处理手段。大数据及云计算技术要解决数据的处理和计算问题，本文在阐述大数据、云计算技术的基础上，对如何利用这两种技术进行智慧校园建设进行探讨和展望。

校园信息化建设过程中积累的数据符合大数据的特点，大数据的规模效应给数据

存储、管理及数据分析带来了很大的挑战。为了解决上述问题，提出了一种基于 ETL（Extraction Transformation Loading，数据提取、转换和加载）的数据抽取及集成方法，提出了一种基于 Hadoop 的数据存储方法及各种在线学习方法。

1. 云计算机技术

借助云计算平台，可以解决现有校园信息平台处理数据类型单一和描述校园信息不够准确等问题。云计算的资源是由互联网提供的，并且是动态易扩展而且虚拟化的。"云"中的基础设施的细节不需要由终端用户了解，也不需要有相应的专门知识，更没有直接进行控制的必要，只需关注自己真正需要什么样的资源以及如何通过网络来获得相应服务。云计算按其所提供的功能可以分为三种类型：基础设施服务（IaaS，Infrastructure as a service）、平台服务（PaaS，Platform as service）和软件服务（SaaS，Software as a service）。但这三种类型的云计算服务具有层次关系，并不是彼此隔离的。

2. 大数据技术与云计算技术之间的关系

大数据技术与云计算技术之间既存在联系又有着区别，大数据技术倾向于海量信息的存储、分析和处理；而云计算技术侧重于数据计算的方法方式。校园信息化过程中产生的数据来自不同的层次和分类，包括教学、人事、财务、资产、科研等常规管理型业务产生的结构化数据，以及多媒体教学资源等非结构化数据；既有用户使用网络产生的行为数据，又有物联网、移动互联网感知所得到的位置数据等。而这些大数据内在价值的提取和利用则需要用超大规模的高度可扩展的云计算技术来支持。

3. 智慧校园

近几年来，各高校都在积极推进本校的信息化建设，并取得了一定的成绩，但在建设过程中发现了以下问题。

（1）教学资源数据存储在不同系统中，各系统相互独立不便于分享。

（2）信息单系统发送，系统之间没有联系，沟通不畅。

（3）教师教学工作，在网络上进行教研活动，但是在线实时沟通比较困难。

（4）多个独立系统，多方面管理异常复杂。为了解决各高校在信息化建设中存在的以上问题，提出了智慧校园的概念。智慧校园的本质是利用云计算、大数据、SOA等技术，建设基于多种新技术所融合的各种业务应用。利用云计算数据中心，大数据分析平台以及统一集成共享平台，将"物联网"和"软件应用系统平台"整合起来，实现学校通信服务、教学与科研、学习活动、管理工作和学校设施的整体结合。使 IT可以提供更加智能的服务，更好地促进学校的教学、科研、管理和生活。其核心思想是：以云服务为支撑构建教育信息化、智能化统一平台，并以优质教育资源共建共享和应用，以资源整合为中心，融入教学、学习管理等工作领域，最终达到教育信息化，提升教学质量，推动教学向产学研方向的发展。

4. 大数据及云计算技术在智慧校园建设中的应用

综合开发利用各种资源，充分挖掘潜力，提高资源利用率是现阶段校园信息化建设的主要目标是。整合分散在各地的教学园区软硬件资源，提高重复利用率，消除闲置浪费现象，实现标准统一、统一管理、统一维护。它逐步实现校园网各部门和应用系统之间的数据交互和交互，实现信息的分散化、动态采集、集中安全管理和共享应用，彻底消除教育信息化中的信息孤岛。通过服务器虚拟化技术，把各种硬件及软件资源虚拟化成一个或多个资源池成为云平台基础，并通过系统管理平台对这些虚拟资源进行智能化、自动化的管理和分配。建设智慧校园时可采用最新的云计算核心技术之一虚拟化技术对现有应用进行整合，包括 WEB、E-MAIL、FTP、域控管理、OA系统、后台数据库等应用。对整个业务系统进行统一规划和部署，统一数据备份，形成高效的 IT 管理体系结构。为了保证硬件系统的可靠性和可靠的硬件保障用户应用的可用性，新的高可靠的服务器构建云计算平台的高性能，充分发挥云计算平台的优势，保证工作的连续性和高的使用用户服务系统；并提供专业的管理系统，确保管理的硬件系统和软件系统，可为用户节约投资管理成本。智慧校园整体业务架构分为应用架构、数据架构和技术架构。应用架构分为校园门户、校园智能分析 BI 平台、教学科研、服务支撑、校级信息管理平台、校级资源管理平台、校企平台几部分。技术架构分为校园云桌面、校园服务共享服务 SOA 平台、校园模块化数据中心、校园宽带网络五部分。数据架构分为主数据管理平台、大数据处理平台。校园网络建设可采用如下结构模式，采用二、三层分离架构，三层网络由校园网骨干业务控制层组成。二层网络由接入和汇聚层组成。

由 SR 和 BRAS 构建了统一的业务控制层，实现了用户的接入认证业务控制计费等功能。提高网络的可扩展性向 IPV6 的升级只涉及三层网络对二层网络无影响。

5. 应用展望

大数据不仅可以用于教学管理、科研、教学改革等业务层面的宏观挖掘和预测，而且还可以用于微观方面对单个用户的服务需求评估和判断，以便学校能够及时发现问题并及时做出反应。云平台可用来分析和处理大数据。例如，学校可以通过一卡通的消费数据来分析和判断学生的经济情况，通过学习成绩变化和门禁记录数据来筛选需要心理干预的学生群体等。学校大数据手机、处理和分析结果可作为对教育资源是否合理配置、学生行为特征、招生与就业状况、教育质量等日常教学活动的分析依据。

在建设智慧校园的过程中，数据只有在流转时才能体现它的价值，有价值的数据才能引起用户的关注，才能为分析、决策提供支持。学校信息技术部门通过对数据的收集和整理，反馈数据的统计和分析结果，为学校和业务部门建立"个人—院系—学校"自下而上的数据监督与管理机制，形成由内需拉动的信息化发展良性循环机制。当学校的管理、教学、科研以及学生、教师的活动行为数据都可以转化成为高校决策依据的时候，就是大数据真正展示其魅力的时候，而云计算是能够为大数据的分析处理，提供动态资源池、虚拟化和高可用性的计算技术，并能够为用户提供"按需计算"服务，根据当前教育信息化的现状和发展趋势，大数据与云计算技术的结合将对教育产业产生极其重要的应用价值。

9.3 大数据在网络购物中的应用

现代的购物方式因为互联网的迅速发展显得更加方便快捷，网络购物就是目前中国最主流的购物方式之一，人们足不出户，就可以获得自己所需的商品。网络购物使得企业能直接面向最终客户，从而降低交易成本和客户售后咨询等服务费用，所以，网络购物管理系统在当今时代占据着重要地位，制作购物网站成为一个热点。

2013 年，微软公司针对 SQL Server 提出了大数据的解决方案，SQL Server 和 Azure 构成微软大数据平台的后端，该方案套件被设计用于公司现有的数据基础设施以及 SQL Server、Hadoop 等产品进行无缝集成。Microsoft Azure 是目前全球唯一同时提供公有云、私有云和混合云的云服务，相比于 OpenStack 等其他云平台，Azure 不仅提供 IaaS 服务，还提供预制 Windows 的虚机和预制 Linux，以及提供 PaaS 和存储服务。微软在战略规划上把 Azure 放到首要位置，还将 SQL Server 2014 定位为混合云平台，它能够轻松整合到 Microsoft Azure 中。

良好的数据库系统对于一个高性能的网络购物管理系统是非常重要，就像一个空气动力装置对于一辆赛车的重要性一样。本节选用基于 Hapood、SQL Server 技术构架实现购物网站，它的大部分功能是基于数据库的操作。下面从分析 SQL Server 数据库开始了解该网络购物系统。

9.3.1 项目概述

1. 项目开发目的

网上购物平台给消费者带来了诸多方便，这个系统的操作有利于进行网上管理、网上销售、网上浏览、网上查询、网上支付，可延长了营业时间，对顾客具有良好便捷的操作性，可以随时随地与商家交流、协商，免去了诸多的不便。顾客还可以随意查看订单信息和商品信息，了解商品类别和实现售后信息的反馈；商品的卖家可以通过订单信息查看发货情况，免费宣传实体店的效果，却少了地域和实体店的空间限制，为顾客提供一个很轻松自在、很愉快的购物环境。商家通过大数据的分析还可以了解顾客的喜好、分布，帮助实体店完善客户群、制订营销手段。

2. 数据库需求分析

1. 需求分析

数据库的设计要考虑以下各个方面：因为购物系统的主要对象是顾客，必须建立

用户表，包括用户的基本信息情况和登录情况；用户的主要活动就是购买商品，所以需要建立商品信息表；用户要买所需要的商品，首先要对商品进行搜索和浏览，所以需要对商品进行分类，如大类和小类的划分、价格或销售情况的划分等，所以可以建立商品类别表；最后用户购买商品、提交订单，所以要建立购物车表和订单表。

2. 系统功能模块分析

（1）用户管理分析

①用户：只允许浏览商品信息，必须注册为会员之后才可以购买商品。用户注册需要如实填写用户名，密码、E-mail、地址、电话、真实姓名等各项信息，提交后，系统进行检测判断该用户名是否已经注册通过。

②会员：拥有浏览商品、购买商品、享受售后服务的权限，其属性包括客户编号（唯一性）、登录账号、登录密码、真实姓名、性别、邮箱地址、邮政编码、地址（一个客户可有几个地址）、客户所属 VIP 级别、折扣优惠等。

（2）商品信息管理

①商品的增加。其中的属性包含商品编号（唯一性）、商品名称、商品类型、生产厂商、实际存货量、最低存货量和商品其他描述等。

②商品的查询，在只要输入商品的任意属性即可查询相应信息。

（3）商品订购管理

注册用户可以将相关商品放入购物车，购物车可以列出商品的列表，使用户能够自由选择所需要的商品。浏览商品结束之后可以提交订单，即购物车汇总后提交形成总订单，其中每个订单属性包含订单号、商品号、收货地址、订单日期、订单金额、订单明细（每个订单都有多个明细）。

（4）配送单管理

默认属性为客户注册时的基本信息，当然配送地址可由客户修改为合适的收货地址，支付方式也可根据提示由客户自定，比如网上支付、货到付款等。

（5）数据应用

数据应用部分主要是满足系统管理者或者商家的分析需求，体现商业智能应用和海量数据管理，满足商家对客户浏览数据、会员购物数据等的综合应用和价值发现，从而支持其制订各种营销方案和促销策略。

9.3.2 数据库设计

1. 数据库逻辑设计

数据库关系图如下：

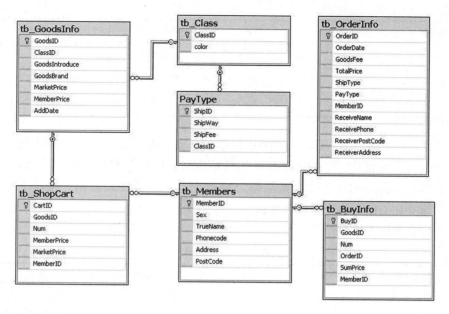

2. 数据结构

（1）购物车信息表（tb _ ShopCart）：购物车信息表，主要负责存储会员临时性添加的一些商品，主要属性有：邮寄编号、邮寄方式、购买数量、会员价格、会员编号，其中邮寄编号为主键，会员编号为外键。

购物车信息表如表 9-1 所示。

表 9-1　购物车信息

字段名	数据类型	长度	字段说明	备注
CartID	varchar	50	邮寄 ID	非空、主键
GoodsID	varchar	50	邮寄方式	非空
Num	int	50	购买数量	非空
MemberPrice	float	50	会员价格	非空
MarketPrice	float	16	市场价格	非空
MemberID	varchar	50	会员 ID	非空、外键

（2）邮寄方式表（tb _ ShipType）：邮寄方式表，主要负责存储商品发送的方式。比如：邮寄，快递。主要属性有：邮寄编号、邮寄方式、邮寄费用、商品类别。其中邮寄编号为主键，商品类别为外键。

邮寄方式表如表 9-2 所示。

表 9-2　邮寄方式

字段名	数据类型	长度	字段说明	备注
ShipID	varchar	50	邮寄 ID	非空、主键

续表

字段名	数据类型	长度	字段说明	备注
ShipWay	varchar	50	邮寄方式	无
ShipFee	varchar	50	邮寄费用	非空
ClassID	varchar	50	商品类别	非空、外键

（3）订单信息表（tb_OrderInfo）：订单信息表主要用来存储会员每次订单信息，主要属性有：订单编号、订单提交日期、商品价格、商品总费用、运输方式、付款方式、付款方式、会员编号、接收人名字、接收人电话、接收人邮编、接收人名地址，其中订单编号是主键，会员编号为外键。

订单信息表如表9-3所示。

表9-3　订单信息

字段名	数据类型	长度	字段说明	备注
OrderID	varchar	50	订单 ID	非空、主键
OrderDate	Datetime	32	订单提交日期	无
GoodsFee	varchar	50	商品价格	无
TotalPrice	varchar	50	商品总费用	无
ShipType	varchar	50	运输方式	无
PayType	varchar	50	付款方式	无
MemberID	varchar	200	会员 ID	无、外键
ReceiverName	varchar	50	接收人名字	无
ReceiverPhone	varchar	50	接收人电话	无
ReceiverPostCode	Char	10	接收人邮编	无
ReceiverAddress	Varchar	200	接收人名地址	无

（4）会员信息表（tb_Member）：会员信息表，主要用来存储会员的一些基本信息，如会员 ID、会员性别、会员密码、会员真实名字、电话号码、家庭住址、邮政编码。主要属性有：会员编号、会员性别、会员密码、会员真实名字、电话号码、地址、邮编号码，其中会员编号是主键。

会员信息表如表9-4所示。

表9-4　会员信息

字段名	数据类型	长度	字段说明	备注
MemberID	varchar	50	会员 ID	非空、主键
Sex	bit	1	会员性别	无

字段名	数据类型	长度	字段说明	备注
Password	varchar	50	会员密码	无
TrueName	varchar	50	会员真实名字	无
Phonecode	varchar	50	电话号码	无
Address	varchar	200	地址	无
PostCode	varchar	10	邮编号码	无

（5）商品信息表（tb_GoodsInfo）：商品信息表主要负责存储商品名称，商品类别，商品价格等信息。主要属性有：商品编号、商品类别、商品介绍、品牌、市场价格、会员价格、上传日期，其中商品编号是主键，商品类是外键。

商品信息表如表 9-5 所示。

表 9-5 商品信息

字段名	数据类型	长度	字段说明	备注
GoodsID	varchar	50	商品编号	非空、主键
ClassID	varchar	50	商品类别	非空、外键
GoodsIntroduce	Text	250	商品介绍	无
GoodsBrand	varchar	50	商品品牌	无
MarketPrice	float	16	商品市场价格	无
MemberPrice	float	16	商品会员价格	无
AddDate	datetime	32	上传日期	无

（6）会员购物信息表（tb_BuyInfo）：会员购物信息统计表，主要属性有：购物单号、商品编号、商品数量、订单号、总价格、会员编号，其中购物单号是主键，会员编号是外键。

会员购物信息表如表 9-6 所示。

表 9-6 会员购物信息

字段名	数据类型	长度	字段说明	备注
BuyID	varchar	50	购物单号	非空、主键
GoodsID	varchar	50	商品编号	无
Num	int	32	商品数量	无
OrderID	varchar	50	订单号	无、外键
SumPrice	varchar	50	总价格	无
MemberID	varchar	50	会员 ID	无、外键

（7）商品类别表（tb＿Class）：商品类别显示表，主要属性有：商品类别、商品颜色。其中商品类别是主键。

商品类别表见表9-7。

表9-7　商品类别表

字段名	数据类型	长度	字段说明	备注
ClassID	varchar	50	商品类别	非空，主键
Color	varchar	50	商品颜色	无

9.3.3　创建表和实现数据完整性

1. 建立表 tb ＿ OrderInfo 和完整性约束

建立表 tb ＿ OrderInfo 和完整性约束，操作如下。

tb_OrderInfo：

```
create tabletb_OrderInfo(
    OrderID varchar(50) primary key,
    OrderDate Datetime,
    GoodsFee varchar(50),
    TotalPrice varchar(50),
    ShipType varchar(50),
    PayType varchar(50),
    MemberID varchar(200),
    ReceiveName varchar(50),
    ReceivePhone varchar(50),
    ReceiverPostCode varchar(50),
    ReceiverAddress varchar(200),
    foreign key(MemberID) references Member(MemberID)
);
```

插入数据：

insert into tb ＿ OrderInfo　values（'dinggou1'，'2012-12-21'，78，83，'空运'，'支付宝'，'huiyuan1'，'袁悦'，'119'，'23456'，'桔顶'）

insert into tb ＿ OrderInfo　values（'dinggou2'，'2012-1-2'，126，134，'航运'，'快捷支付'，'huiyuan2'，'赵胜超'，'110'，'12345'，'红顶'）

insert into tb ＿ OrderInfo　values（'dinggou3'，'2012-3-3'，220，230，'陆运'，'支付宝'，'huiyuan3'，'米晓伟'，'911'，'12345'，'红顶'）

insert into tb ＿ OrderInfo values（'dinggou4'，'2012-12-12'，230，240，'陆运'，'货到付款'，'huiyuan4'，'樊金然'，'114'，'12345'，'红顶'）

2. 建立表 PayTyoe 和完整性约束

建立表 PayTyoe 和完整性约束，操作如下。

PayType

```
create table PayType(
    ShipID varchar(50)primary key,
    ShipWay varchar(50),
    ShipFee varchar(50),
    ClassID varchar(50),
    foreign key(ClassID)references Class(ClassID)
);
```

插入数据：

```
insert into PayType values('youji1','快递',5,'aaa1')
insert into PayType values('youji2','平邮',8,'aaa2')
insert into PayType values('youji3','邮政',10,'aaa3')
insert into PayType values('youji4','快递',10,'aaa4')
```

3. 建立表 tb＿ShopCart 和完整性约束

建立表 tb＿ShopCart 和完整性约束，操作如下：

tb_ShopCart

```
create table tb_ShopCart(
    CartID varchar(50) primary key not null,
    foreign key(GoodsID) references tb_GoodsInfo(GoodsID) ,
    Num int not null,
    MemberPrice float(50) not null,
    MarketPrice float(16) not null,
    foreign key (MemberID) references tb_Members(MemberID) ,
)
```

插入数据：

```
Insert into tb_ShopCart   values('che1','wupin1',2,39,40,'huiyuan1')
insert into tb_ShopCart   values('che12','wupin2',3,43,45,'huiyuan2')
insert into tb_ShopCart   values('che13','wupin3',4,56,60,'huiyuan3')
insert into tb_ShopCart   values('che14','wupin4',5,46,50,'huiyuan4')
```

4. 建立表 tb＿BuyInfo 和完整性约束

建立表 tb＿BuyInfo 和完整性约束，操作如下：

tb_BuyInfo

```
create table tb_BuyInfo(
    BuyID varchar(50) primary key not null,
    GoodsID varchar(50),
    Num int,
    OrderID varchar(50),
```

```
    SumPrice varchar(50),
    MemberID varchar(50) ,
    foreign key (MemberID) references tb_Members(MemberID)
)
```

插入数据：

```
insert into tb_BuyInfo    values('buy1','wupin1',2,'dinggou1',78,'huiyuan1')
insert into tb_BuyInfo    values('buy2','wupin2',3,'dinggou1',126,'huiyuan2')
insert into tb_BuyInfo    values('buy3','wupin3',4,'dinggou1',220,'huiyuan3')
insert into tb_BuyInfo    values('buy4','wupin4',5,'dinggou1',230,'huiyuan4')
```

5. 建立表 tb _ Members 和完整性约束

建立表 tb _ Members 和完整性约束，操作如下：

```
tb_Members
create table tb_Members(
    MemberID   varchar(50) primary key not null,
    Sex char(100),
    TrueName varchar(50),
    Phonecode varchar(50),
    Address varchar(200),
    PostCode varchar(50),
)
```

插入数据：

```
insert into tb_Members    values('huiyuan1','男','李超','110','红顶','12345')
insert into tb_Members    values('huiyuan2','女','梁悦','119','桔顶','23456')
insert into tb_Members    values('huiyuan3','女','黄小敏','120','桔顶','23456')
insert into tb_Members values('huiyuan4','男','王晓伟','911','红顶','12345')
```

6. 建立表 tb _ GoodsInfo 和完整性约束

建立表 tb _ GoodsInfo 和完整性约束，操作如下：

```
tb_GoodsInfo
    create table tb_GoodsInfo(
    GoodsID varchar(50)not null,
    ClassID varchar(50),
    GoodsIntroduce varchar(250),
    GoodsBrand varchar(50),
    MarketPrice float(20),
    MemberPrice float(20),
    AddDate varchar(40),
    primary key (GoodsID),
    foreign key (ClassID)references tb_Class(ClassID)
```

)

插入数据：

```
insert into tb_GoodsInfo values('wupin1','aaa1','长款','塔塔牌',40,39,'2012-2-3')
insert into tb_GoodsInfo values('wupin2','aaa2','短款','悦悦牌',45,42,'2012-3-4')
insert into tb_GoodsInfo values('wupin3','aaa3','春夏季','超超牌',60,55,'2012-4-5')
insert into tb_GoodsInfo values('wupin4','aaa4','秋冬季','东力牌',50,46,'2012-5-6')
```

7. 建立表 tb _ Class 和完整性约束

建立表 tb _ Class 和完整性约束，操作如下：

tb_Class

```
create table tb_Class(
    ClassID varchar(50)primary key not null，
    color char(8)
)
```

插入数据：

```
insert into tb_Class values('aaa1','白色')
insert into tb_Class values('aaa2','蓝色')
insert into tb_Class values('aaa3','黑色')
insert into tb_Class values('aaa4','红色')
```

9.3.4 大数据解决方案

1. 基于 PolyBase 的全方位数据整合

PolyBase 是一个并行数据仓库产品，穿越结构化和非结构化数据，具有全方位的数据整合能力。它采用拆分查询处理的模式，使 SQL 语句操作符把分布式文件系统当时数据通过 PDW 查询优化器翻译成 MapReduce 指令，沿用标准的 SQL 语句，通过统一的查询，同时访问结构化和非结构化数据，然后在 Hadoop 集群上执行。

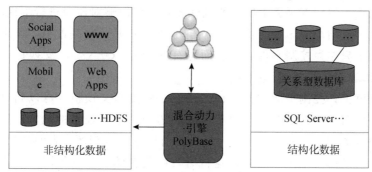

2. 使用 BI 工具分析结构化和非结构化数据

微软的 BI 工具是一套完整的商业智能分析工具，它将网络购物系统中现有的数据进行有效的整合，快速准确地提供报表并提出决策依据，帮助商家作出明智的业务经营决策。Excel、PowerPivot、SQL Server BI 都是 BI 的一个有效工具，我们可以使用

BI 分析多样的数据类型，无需 IT 人员介入，分析同一个表格中的结构化数据和非结构化数据。比如，Excel，对每一个会用电脑的人来说都不陌生，使用 Excel 做数据挖掘，对网络购物管理系统的商家来说就可以分析谁是有潜力的金客户，可以分析哪些商品是可以在一起销售的，哪些商品需要进行多大力度的促销等，大大降低了 BI 的门槛。

9.4 网络虚拟化

9.4.1 网络多虚一技术

最早的网络多虚拟技术代表是交换机集群 Cluster 技术，大多是基于盒式小交换机为主，它们比较老式，目前的数据中心已经很少被看到了。新技术主要分为控制平面虚拟化和数据平面虚拟化两个方向。

1. 控制平面虚拟化

顾名思义，控制平面虚拟化是将所有设备的控制平面合并成一个，而只有一个主体去处理整个虚拟交换机的协议处理和同步。从结构上讲，控制平面虚拟化又可以分为两个方面：纵向与横向虚拟化。

纵向虚拟化指通过虚拟化将不同层次设备组合在一起，代表的技术就是 Cisco 的 Fabric Extender，它相当于将下游交换机设备作为上游设备的接口扩展而存在，虚拟化后的交换机控制平面和转发平面都在上游设备上，下游设备只存在一些简单的同步处理特性，报文转发也都需要发送到上游设备进行。它可以理解为集中式转发的虚拟交换机。

横向虚拟化大都是将同一层次上的同类型交换机设备虚拟组合在一起，Cisco 的 VSS/vPC 和 H3C 的 IRF 都是比较成熟的技术代表，控制平面工作和纵向类似，都由一个主体去完成，但转发平面上所有的机框和盒子都能够对流量进行本地转发和处理，是典型分布式转发结构的虚拟交换机。Juniper 的 QFabric 也是此列，区别是单独弄了个 Director 盒子只作为控制平面存在，而所有的 Node QFX3500 交换机同样都有自己的转发平面可以处理报文进行本地转发。

在一定程度上，控制平面虚拟化说的是真正的虚拟交换机，可以同时满足统一管理与接口扩展的需求。但是有一个很严重的问题制约了其技术的发展。如前所述的云计算多虚一中也提到过，服务器多虚一技术目前还不能做到所有资源的灵活虚拟调配，而只能在主机级别的基础上，当多机运行时，协调者的角色（等同于框式交换机的主控板控制平面）对同一应用来说，只能主备，不能做到负载均衡。网络设备虚拟化同样也是如此。以框式设备来举例，不管以后能够支持多少台设备虚拟合一，只要上述问题无法解决，从控制平面处理整个虚拟交换机运行的物理控制节点主控板都只能以一块为主，其他都是备份角色（类似于服务器多虚一中的 HA Cluster 结构）。总的来

说，虚拟交换机支持的物理节点规模永远都会受到此控制节点处理能力的限制。这也是 Cisco 在 6500 系列交换机的 VSS 技术在更新换代到 Nexus 7000 后被淘汰而只基于链路聚合做了个 vPC 的主要原因。三层 IP 网络多路径已经有等价路由可以用了，二层 Ethernet 网络的多路径技术在 TRILL/SPB 实用之前只有一个链路聚合，所以只做个 vPC 就足够了。另外从 Cisco 的 FEX 技术只应用于数据中心接入层的产品设计，也能看出其对这种控制平面虚拟化后带来的规模限制，以及技术应用位置也非常清晰。

2. 数据平面虚拟化

如前所述，控制平面虚拟化带来的规模限制问题，在短时间内也没有办法解决，那么就想个法子躲过去。是否可以只做数据平面的虚拟化呢，于是有了 TRILL 和 SPB。关于两个协议的具体细节下文展开详细说明，这里先简单说一下，他们都是用 L2 ISIS 作为控制协议，在所有设备上进行拓扑路径计算，转发的时候会对原始报文进行外层封装，以不同的目的 Tag 在 TRILL/SPB 区域内部进行转发。对外界来说，可以认为 TRILL/SPB 区域网络就是一个大的虚拟交换机，Ethernet 报文从入口进去后，从出口完整地吐出来，内部的转发过程是无形的且毫无意义。

这种数据平面虚拟化多合一已经是广泛意义上的多虚一了，相信看了下文技术会对此种技术思路有更深入的了解。此方式在二层 Ethernet 转发时能够有效地扩展规模范围，作为网络节点的 N 虚一来说，控制平面虚拟化目前 N 还在个位到十位数上晃悠，但是数据平面虚拟化的 N 已经能够轻松达到百位的范畴。但其缺点也非常明显，引入了控制协议报文处理，增加了网络的复杂度，同时因为转发时对数据报文增加了外层头的封包解包动作，降低了 Ethernet 的转发效率。

从数据中心当前发展来看，首先进行规模扩充，带宽增长的地位也不可动摇，因此在网络多虚一方面，控制平面多虚一的各种技术除非可以突破控制层多机协调工作的技术枷锁，否则只有在中小型数据中心里面刨食的份儿了，后期真正的大型云计算数据中心势必是属于 TRILL/SPB 此类数据平面多虚一技术的天地。当然 Cisco 的 FEX 这类定位于接入层以下的技术还是可以与部署在接入到核心层的 TRILL/SPB 相结合，享有一定的生存空间。估计 Cisco 的云计算数据中心内部网络技术野望如下图所示：（Fabric Path 是 Cisco 对其 TRILL 扩展后技术的最新称呼）

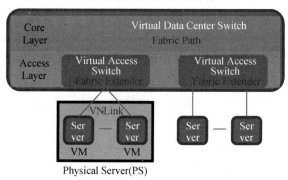

图 9-1

9.4.2 网络一虚多技术

网络一虚多，从 Ethernet 的 VLAN 到 IP 的 VPN 都是大家耳熟能详的成熟技术，FC 里面也有对应的 VSAN 技术。此类技术特点就是给转发报文里面多插入一个 Tag，供不同设备统一进行识别，然后对报文进行分类转发。代表如只能手工配置的 VLAN ID 和可以自协商的 MPLS Label。传统技术都是基于转发层面的，虽然在管理上也可以根据 VPN 进行区分，但是 CPU/转发芯片/内存这些基础部件都是只能共享的。目前最新的一虚多技术就是 Cisco 在 X86 架构的 Nexus 7000 上实现的 VDC，和 VM 一样可以建立多个 VDC 并将物理资源独立分配，目前的实现是最多可建立四个 VDC，其中还有一个负责管理，推测有可能是通过之前提到过的 OS-Level 虚拟化实现的。

从现有阶段来看，VDC 应该是 Cisco 推出的一项实验性技术，因为目前看不到大规模应用的场景需求。首先转发层面的流量隔离（VLAN/VPN 等）已经做得很好了，搞个 VDC 专门做业务隔离没有必要，况且从当前 VDC 的实现数量（4 个）上也肯定不是打算向这个方向使劲儿。如果不搞隔离的话，一机多用也没体现出什么实用性，虚拟成多个数据中心核心设备后，一个物理节点出现故障会导致多个逻辑节点无法正常运行，整体网络可靠性明显降低。另外服务器建 VM 是为了把物理服务器空余的计算能力都用上，而在云计算数据中心里面网络设备的接口数应该始终是供不应求的，哪里还存在富裕的还给你搞什么虚拟化呢。作者个人对类似 VDC 技术在云计算数据中心里面的发展前景是存疑的。

1. SR-IOV

对网络一虚多这里还需要补充一点，就是服务器网卡的 IO 虚拟化技术。单根虚拟化 SR-IOV 是由 PCI SIG Work Group 提出的标准，Intel 已经在多款网卡上对此技术提供了支持，Cisco 也推出了支持 IO 虚拟化的网卡硬件 Palo。Palo 网卡同时能够封装 VN-Tag（VN 的意思都是 Virtual Network），用于支撑其 FEX＋VN-Link 技术体系。现阶段 Cisco 还是以 UCS 系列刀片服务器集成网卡为主，后续计划向盒式服务器网卡推进，但估计会受到传统服务器和网卡厂商们的联合狙击。

SR-IOV 就是要在物理网卡上建立多个虚拟 IO 通道，并使其可以直接一一对应到多个 VM 的虚拟网卡上，用来提升虚拟服务器的转发效率。具体说是对进入服务器的报文，通过网卡的硬件查表取代服务器中间 Hypervisor 层的 VSwitch 软件查表进行转发。另外 SR-IOV 物理网卡理论上加块转发芯片，应该可以支持 VM 本地交换（其实就是个小交换机啦），但目前并没有见到实际产品。SR（Single Root）里面的 Root 是指服务器中间的 Hypervisor，单根就是指目前一块硬件网卡只可以支持一个 Hypervisor。有单根就存在多根，多根指可以支持多个 Hypervisor，但貌似目前在单物理服务器里面跑多个 Hypervisor 还存在一段距离，所以多根 IO 虚拟化 MR-IOV 也是个未来时。摘录 Cisco 胶片对 MR-IOV 描述如下：（HW 为 Hardware，PF 为 Physical Function，VF 为 Virtual Functions）

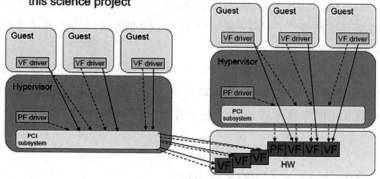

图 9-2

　　SR-IOV 只定义了物理网卡到 VM 之间的联系，而对外层网络设备来说，如果想识别具体的 VM 上面的虚拟网卡 vNIC，则还需要定义一个 Tag 在物理网卡到接入层交换机之间来区分不同 vNIC。此时物理网卡提供的就是一个通道作用，可以帮助交换机将虚拟网络接口延伸至服务器内部并对应到每个 vNIC。Cisco UCS 服务器中的 VIC（Virtual Interface Card）M81-KR 网卡（Palo），就是通过封装 VN-Tag 使接入交换机（UCS6100）识别 vNIC 的对应虚拟网络接口。

　　网络虚拟化技术必将成为未来十年网络技术发展的重中之重。谁能占据制高点，谁就能带领数据中心网络前进。从现在可以看到的技术信息分析来看，Cisco 在未来十年的地位仍然不可动摇。

9.4.3　VM 本地互访网络技术

　　本部分重点技术名词：EVB/VEPA/Multichannel/ SR-IOV/VN-Link/FEX/VN-Tag/ UCS/ 802.1Qbh/802.1Qbg 题目中的本地包含了两个层面，一个是从服务器角度来看的物理服务器本地 VM 互访，一个是从交换机角度来看的接入层交换机本地 VM 互访。它们看问题的角度造成了下文中 EVB 与 BPE 两个最新技术体系出发点上的不同。

　　在 VM 出现伊始，VMware 等虚拟机厂商就提出了 VSwitch 的概念，通过软件交换机解决同一台物理服务器内部的 VM 二层网络互访，跨物理服务器的 VM 二层互访丢给传统的 Ethernet 接入层交换机去处理。这时产生了两个大的问题，一是对于 VSwitch 的管理问题，大公司网络和服务器一般由两批人负责，这个东西是由谁来管理不好界定；二是性能问题，交换机在处理报文的时候可以通过转发芯片完成 ACL packet-

filter、Port Security（802.1X）、Netflow 和 QoS 等功能，如果都在 VSwitch 上实现，还是由服务器的 CPU 来处理，太消耗性能了，与使用 VM 提高服务器 CPU 使用效率的初衷相违背。

Cisco 首先提出了 Nexus 1000V 技术结构来解决前面的问题一，但是也只解决了问题一。为了解决问题二，IEEE（Institute of Electrical and Electronics Engineers）标准组织提出了 802.1Qbg EVB（Edge Virtual Bridging）和 802.1Qbh BPE（Bridge Port Extension）两条标准路线了，Cisco 由 802.1Qbh 标准体系结构实现出来的具体技术就是 FEX＋VN-Link。

在数据通信世界只存在两个阵营：Cisco 和非 Cisco。而就目前以及可以预见的将来而言，非 Cisco 们都仍是 Cisco 的跟随者和挑战者，从数据中心新技术发展就可见一斑。在 VM 本地互访网络技术章节中会先介绍 Cisco 的相关技术与产品，再讲讲挑战者们的 EVB。

9.4.4 Cisco 接入层网络虚拟化

Cisco 在其所有的 VM 接入技术中都有两个主要思路：一是将网络相关内容都虚拟化为一台逻辑的框式交换机来集中由网络进行管理，二是给每个 VM 提供一个虚拟交换机接口（vETH/VIF）。目的都是以网络为根，将枝叶一步步伸到服务器里面去。

1. 802.1Qbh

先来看下 802.1Qbh BPE（Bridge Port Extension），图 9-5 是 Cisco 以 UCS 系列产品对应的结构图。

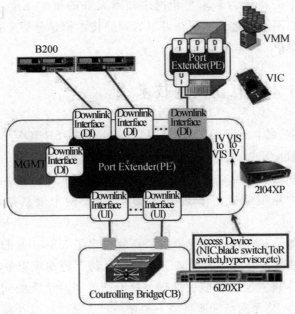

图 9-5

802.1Qbh 定义的是 VM 与接入层交换机之间的数据平面转发结构，不包括控制平面。这里可以将其看成一台虚拟的集中式框式交换机，其中 CB 可以当作带转发芯片的主控板，PE 就是接口板。PE 通过硬件网卡进入服务器内部，后续可能在 Hypervisor 层面会做软件 PE 来实现。Cisco 通过 FEX 来定义 CB 到 PE 以及 PE 到 PE 的关系，其数据平面是通过封装私有的 VN-Tag 头来进行寻址转发；通过 VN-Link 来定义 PE 的最终点 DI 到 VM 的 vNIC 之间的关系，提出了 Port Profile 来定制 DI 的配置内容。

在 802.1Qbh 结构中，整个网络树状连接，每个 PE 只能上行连接到一个逻辑的 PE/CB，因此不存在环路，也就不需要类似于 STP 这种环路协议。所有的 VM 之间通信流量都要上送到 CB 进行查表转发，PE 不提供本地交换功能。PE 对从 DI 收到的单播报文只会封装 Tag 通过 UI 上送，UI 收到来的单播报文根据 Tag 找到对应的 DI 发送出去。对组播/广播报文根据 Tag 里面的组播标志位，CB 和 PE 均可以进行本地复制泛洪。更为具体的转发处理流程请参考下文 Nexus 5000＋Nexus 2000 的技术介绍。

Cisco 根据 802.1Qbh 结构在接入层一共虚拟出三台框式交换机，Nexus 1000V（VSM＋VEM）、Nexus 5000＋Nexus 2000 和 UCS。其中 1000V 还是基于 Ethernet 传统交换技术的服务器内部软件交换机，没有 FEX，主要体现 VN-Link；而 Nexus 5000＋Nexus 2000 则是工作于物理服务器之外的硬件交换机盒子，以 FEX 为主，VN-Link 基本没有；只有到 UCS 才通过服务器网卡＋交换机盒子，完美地将 FEX＋VN-Link 结合在一起。下面来逐个介绍。

2. Cisco Nexus 1000V

Nexus 1000V 包含两个组件 VSM（Virtual Supervisor Module）与 VEM（Virtual Ethernet Module）。看名字就可以知道 VSM 对应机框交换机的主控板 Supervisor，而 VEM 对应其接口板。

VEM 就是一台安装运行在采用裸金属虚拟化结构的物理服务器中 Hypervisor 层次的软件交换机，其虚拟接口 vETH 分为连接 VM 虚拟网卡 vNIC 的下行接口和连接到每个物理网卡接口的上行接口，使用 Ethernet 基于 MAC 方式进行报文转发。由于其处于网络的末端，不需要运行 STP，通过不允许上行接口收到的报文从其他上行接口转发的规则来避免环路的产生。与早期的 VSwitch 相比多了很多交换机相关功能。

VSM 则有两种形态，既可以是独立的盒子，也可以是装在某个 OS 上的应用软件。要求 VSM 和 VEM 之间二层或三层可达，二层情况下 VSM 与 VEM 之间占用一个 VLAN 通过组播建立连接，三层情况下通过配置指定 IP 地址单播建立连接。VSM 是一个控制平台，对 VEM 上的 vETH 进行配置管理。通过 VSM 可以直接配置每台 VEM 的每个 vETH。

VSM 在管理 vETH 的时候引入了 Port Profile 的概念，简单来说就是一个已经配置好的模板，其优点是可以一次配置，四处关联。在 VM 跨物理服务器迁移时，VSM 就可以通过 vCenter 的通知了解到迁移的发生，随之将 Port Profile 下发到 VM 迁移后对应的 vETH 上，使网络能够随 VM 迁移自适应变化。

VN-Link 是 CISCO 在虚拟接入层的关键技术，VN-Link＝vNIC＋vETH＋Port Profile。

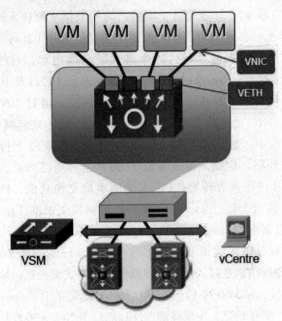

图 9-6

Nexus 1000V 中的 vETH 是建立在软件交换机上的，而下文 UCS 系统里面的 vETH 就建立在 Cisco 的网卡硬件上了，对应到 UCS 虚拟交换机上就是 VIF（Virtual Interface），同时 UCS 通过硬件实现可以把 FEX 里面要介绍的 VN-Tag 网络封装标识引入到物理服务器里面。

VEM 之间通过普通 Ethernet 交换机相连，跨 VEM 转发的流量也是传统以太网报文，因此 Nexus 1000V 虽然可以理解为一台虚拟交换机，但并不是集中式或分布式结构，也没有交换芯片单元，仅仅是配置管理层面的虚拟化，属于对传统 VSwitch 的功能扩展，只解决了最开始提到的管理边界问题，但对服务器性能仍然存在极大耗费。

从产品与标准的发布时间上看，Nexus 1000V 是先于 802.1Qbh 推出的，因此推测 Cisco 是先做了增强型的 VSwitch-Nexus 1000V，然后才逐步理清思路去搞 802.1Qbh 的 BPE 架构。1000V 属于过渡性质的兼容产品，后续应该会对其做较大的改动，如改进成可支持 VN-Tag 封装的软件 PE，帮助 N5000＋N2000 进入物理服务器内部，构造 FEX＋VN-Link 的完整 802.1Qbh 结构。

3. Nexus 5000＋Nexus 2000

N5000＋N2000 组成了一台集中式结构的虚拟交换机，集中式是指所有的流量都要经过 N5000 交互，N2000 不提供本地交换能力，只是作为 N5000 的接口扩展。对应 802.1Qbh 结构，N5000 就是 CB，而 N2000 就是 PE。组合出来的虚拟交换机中，N5000 就是带转发芯片和交换芯片的主控板，而 N2000 则是接口板，整体更像 Cisco 早期的 4500 系列机框或使用主控板 PFC 进行转发的 6500 系列机框，但是在 N5000 盒子内部又是以分布式结构处理转发芯片与交换芯片连接布局的，可参考如下的 N5000 和 6500 结构比较图。

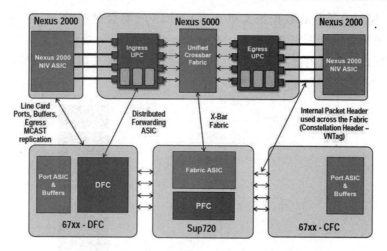

图 9-7

N5000＋N2000 实现了 Cisco 的 FEX 典型结构（Fabric Extend，等同于 Port Extend）。在 N5000 上看到每台 N2000 就是以一个 FEX 节点形式出现的接口板。N2000 拥有两种物理接口类型，连接下游设备（可以是服务器或 N2000，FEX 结构支持级联扩展）的 HIF（Host Interface）和连接上游 N5000 和 N2000 的 NIF（Network Interface），此两种接口是固定于面板上的，且角色不能变更。以 2248T 举例，右侧黄色接口为 NIF，其他为 HIF。

图 9-8

Cisco 将 FEX 结构又称为 Network Interface Virtualization Architecture（NIV），在 NIV 中将 N2000 上的 HIF 称为 Virtual Interface（VIF），将 N5000 上对应 HIF 的逻辑接口称为 Logical Interface（LIF）。截取 Cisco 胶片如下描述 NIV 的内容。

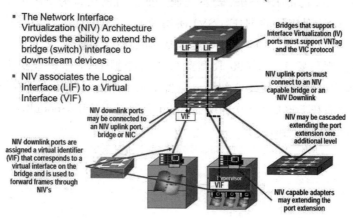

图 9-9

在 NIV 模型中所有的数据报文进入 VIF/LIF 时均会被封装 VN-Tag 传递，在从 VIF/LIF 离开系统前会剥离 VN-Tag。VN-Tag 就是在 FEX 内部寻址转发使用的标识，类似于前面框式交换机内部在转发芯片与交换芯片传输报文时定义槽位信息与接口信息的标识。VN-Tag 格式与封装位置如下：

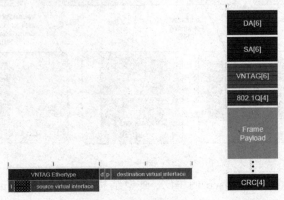

图 9-10

d 位标识报文的走向，0 代表是由 N2000 发往 N5000 的上行流量，1 代表由 N5000 发往 N2000 的下行流量。

p 位标识报文复制，0 代表不需要复制，1 代表 N2000 收到此报文后需要向同 VLAN 的所有本地下行接口复制。此位只有 N5000 可以置位。

l 位标识报文是否返回给源 N2000，既 0 代表源和目的接口不在同一个 N2000 上，1 代表目的与源接口都在同一个 N2000 设备上。

DVI（Destination Virtual Interface）标识目的 HIF 接口，SVI（Source Virtual Interface）标识源 HIF 接口。每个 HIF 接口 ID 在一组 FEX 系统中都是唯一的。

流量转发时，N2000 首先从源 HIF 收到报文，只需要标识 SVI 的对应 HIF 信息，其他位都置 0 不用管，直接从 NIF 转发到 N5000 上即可。N5000 收到报文，记录源 HIF 接口与源 MAC 信息到转发表中，查 MAC 转发表，如果目的 MAC 对应非 LIF 接口则剥离 VN-Tag 按正常 Ethernet 转发处理；如果目的接口为 LIF 接口，则重新封装 VN-Tag。其中 DVI 对应目的 HIF，SVI 使用原始 SVI 信息（如果是从非 LIF 源接口来的报文则 SVI 置 0），d 位置 1，如果是组播报文则 p 位置 1，如果目的接口与源接口在一台 N2000 上则 l 位置 1。N2000 收到此报文后根据 DVI 标识查找本地目的出接口 HIF，剥离 VN-Tag 后进行转发，如果 p 位置 1 则本地复制转发给所有相关 HIF。每个 FEX 的组播转发表在 5000 上建立，所有 2000 上通过 IGMP-Snooping 同步。转发过程截取 Cisco 胶片介绍如下：

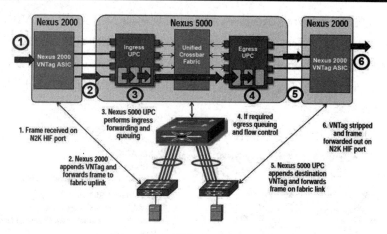

图 9-11

从前面 NIV 的结构图中可以看到 Cisco 希望将 FEX 通过网卡推进到服务器内部，但实际上目前阶段由于 Cisco 在服务器网卡方面的市场地位，这还只是一个梦想。N2000 还是只能基于物理服务器的物理网卡为基本单元进行报文处理，搞不定 VM 的 vNIC，因此前面说 N5000＋N2000 这台虚拟交换机只实现了 FEX，但没有 VN-Link。

由于无法搞定服务器就无法搞定网卡，推行 FEX＋VN-Link 的 802.1Qbh 理念是更加遥不可及的。于是 Cisco 便下定决心，先搞了套 UCS 出来。

UCS（Unified Computing System）是包括刀箱、服务器、网卡、接口扩展模块、接入交换机与管理软件集合的系统总称。这里面的各个单元独立存在时虽然也能用，但就没有太大的价值了，与其他同档产品相比没有任何优势，只有和在一起才是 Cisco 征战天下的利器。UCS 产品结构如下图所示：

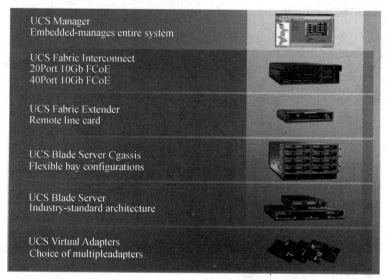

图 9-12

其中服务器、刀箱机框和管理软件都是标准的东西。其关键部件就是网卡、交换机和刀箱的扩展线卡（Fabric Extender）。Interconnect 交换机对应 N5000，Fabric Extender

对应 N2000，这样加上 Virtual Adapters 就可以实现前面 NIV 结构中将 VIF（HIF）直接连到 VM 前的期望了，从而也就能够完美实现 802.1Qbh BPE（Cisco FEX＋VN-Link）的技术体系结构。整个 UCS 系统结构就在下面这三张图中体现，分别对应数据平面（转发平面）、控制平面、管理平面。由于技术实现上和前面讲的 FEX 和 VN-Link 没有大的区别，不再做重复赘述。

Data Plane

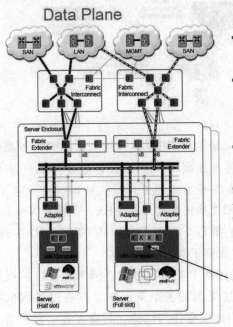

- A) X-bar ASIC
  - 1.12 Tbps Xbar
  - 3 Unicast and 1 Multicast crosspoints
- G) Forwarding ASIC
  - XE/FC/GE Media Access Controllers
  - Forwarding - Ethernet, Fibre Channel, Multipath
  - Policy Engine
  - Packet Buffering
- R) VNTag ASIC
  - Host to uplink traffic engineering
  - Connectivity detection & management portal
- M) DCB ASIC
  - Couple Industry standard NICs/HBAs to ServerArray
- P) Virtualization (SRIOV/VNTAG) ASIC
  - Virtualized adapter for single OS and hypervisor systems
  - Ethernet and Fibre Channel vNICs
  - Direct Data Placement for Fibre Channel
- Memory Controller ASICs
  - Large memory configurations

Control Plane

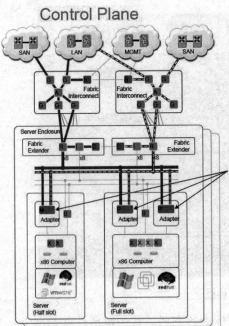

- Interconnect Supervisor
  - *Infrastructure and Ethernet*
  - Consolidated Ethernet/Fibre Channel
  - Network Interface Virtualization
  - Distributed Interconnect Fabric
- Fabric Extender
  - Fabric Connectivity
  - Satellite Interconnect ports and vNIC channels
- Adapter Firmware
  - Network controlled
    - Inaccessible from the host
  - vNIC instantiation
  - Fabric based balancing and failover
  - Fibre Channel/SCSI control suite (M81KR)

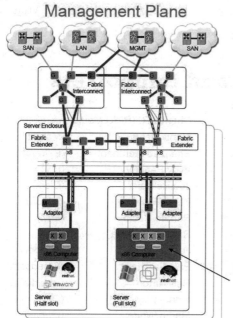

由 UCS VN-Link 的示意图可以看出，三要素 vNIC、vEth 和 Port Profile 的位置连接关系。

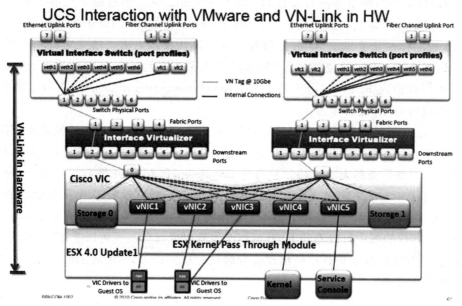

UCS 就说这么多了，本文只是希望能够从结构上帮助大家理解，将作者的知识大厦框架拿出来与读者共享参考，至于每个人的楼要怎么盖还需自己去添砖加瓦。包括下文的技术点讲解也是如此，作者会将自己认为最重要的关键部分讲出来，细节不会过于展开。

说完了 Cisco 再说说非 Cisco 阵营，在如 802.1Qbg EVB 和 802.1aq SPB 等所谓挑

战技术的参与编纂者中，都会看到 Cisco 的身影。如下图为 2009 年 IEEE Atlanta，GA 时发出的 EVB 所有撰稿相关人名单。

IEEE 802

Contributors and Supporters

Siamack Ayandeh	(3Com)	Charles R. (Rick) Maule	(consultant)
Guarav Chawla	(Dell)	Menu Menuchehry	(Marvell)
Paul Congdon	(HP)	Shehzad Merchant	(Extreme)
Dan Daly	(Fulcrum)	Vijoy Pandey	(BNT)
Claudio DeSanti	(Cisco)	Joe Pelissier	(Cisco)
Uri Elzur	(Broadcom)	Peter Phaal	(InMon)
Norm Finn	(Cisco)	Renato Recio	(IBM)
Ilango Ganga	(Intel)	Rakesh Sharma	(IBM)
Anoop Ghanwani	(Brocade)	Jeelani Syed	(Juniper)
Leonid Grossman	(Neterion)	Patricia Thaler	(Broadcom)
Chuck Hudson	(HP)	Neil Turton	(Solarflare)
Brian L'Ecuyer	(PMC-Sierra)	Manoj Wadekar	(QLogic)
Pankaj K Jha	(Brocade)	Martin White	(Marvell)
Jeffry Lynch	(IBM)	Robert Winter	(Dell)
David Koenen	(HP)		

802.1Qbg 当时的主要撰写人是 HP 的 Paul Congdon，不过最近几稿主要 Draft 已经由 Paul Bottorff 取代。其中 Cisco 的 Joe Pelissier 也是 802.1Qbh 的主要撰写人，而 Bottorff 也同样参与了 802.1Qbh 的撰写工作。单从技术上讲，这二者并不是对立的，而是可以互补的，上述两位 HP 和 Cisco 的达人都正在为两种技术结构融合共存而努力。具体可以访问 http://www.ieee802.org/1/pages/dcbridges.html 对这两个处于 Active 阶段的 Draft 进行学习。

802.1Qbh 通过定义新的 Tag（VN-Tag）来进行接口扩展，这样就需要交换机使用新的转发芯片能够识别并基于此新定义 Tag 进行转发，因此，目前除了 Cisco 自己做的芯片外，其他厂商都无法支持。只有等 Broadcom 和 Marvel 等芯片厂商的公共转发芯片也支持了，大家才能跟进做产品，这就是设备厂商有没有芯片开发能力的区别。而 802.1Qbg 就走了另外一条路，搞不定交换机转发芯片就先想办法搞定服务器吧。下面从 IEEE 截取的图中可以看到 EVB 的四个主要组成部分，也可以看作四个发展阶段。当前处于 VEPA 的成长期，已经出现部分转化完成的产品，而 Multichannel 还在产品转化前的研究状态。

Solution Space

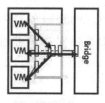
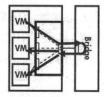
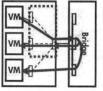
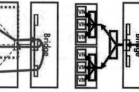

Virtual Ethernet Bridge (VEB)

MAC+VID to steer frames

➤ Emulates 802.1 Bridge
➤ Existing implementations (vSwitch, SR-IOV bridge)
➤ Works with all existing bridges
➤ No changes to existing frame format.
➤ Limited bridge visibility
➤ Limited feature set
➤ Best local performance.
➤ Legacy, pervasive solution

Virtual Ethernet Port Aggregation (VEPA)

MAC+VID to steer frames

• Exploits 802.1 Bridge
• Works with many existing bridges (hairpin)
• No changes to existing frame format.
• Full bridge visibility
• Access to bridge features
• Constrained performance
• Leverages VEB resources

Multichannel

uses tag for remote ports

• Exploits Provider Bridge
• Similarities to Remote Service Interface
• Uses existing frame formats (S-tags).
• Creates bridge virtual ports
• Defines restricted S-Component
• Access to bridge features
• Adjacent bridge multicast replication (constrained performance)

Remote Replication

uses tag to replicate packets

• Extends Multichannel
• Optimizes multicast delivery
• Enables External Cascading
• Defines new tag format
• Defines new name space

先说 VEB，这个最好理解，就是对物理服务器内部的软、硬件交换机进行定义。软件交换机就是 VSwitch，硬件交换机就是从 SR-IOV 演进来的网卡交换机。SR-IOV 已经可以使 VM 的 vNIC 在物理网卡上一一对应通道化，再加一个转发芯片基本就可以做成最简单的交换机，当然这只是在原理上可行，实际中还没有见过成熟产品。VEB 与普通 Ethernet 交换机的最大区别是定义了连接交换机的上行口与连接 VM 的下行口，而 VEB 的上行口间是不允许相互转发报文的，这样可以在不支持 STP 的情况下保证无环路产生。Cisco 的 N1000V 就可以认为是个 VEB。VEB 的优点是好实现，在 Hypervisor 层面开发软件或者改造网卡就可以出成品，缺点不管是软件的还是硬件的相比较传统交换机来说，能力和性能都偏弱，网卡上就那么点儿地方，放不了多少 CPU，TCAM 和 ASIC 啊。

于是有了 VEPA，VEPA 比 VEB 更简单，不提供 VM 间的交换功能，只要是 VM 来的报文都直接扔到接入交换机上去，只有接入交换机来的报文才查表进行内部转发，同样不允许上行接口间的报文互转。这样首先性能得到了提升，去掉了 VM 访问外部网络的流量查表动作。其次是将网络方面的功能都扔回给接入层交换机了，包括 VM 间互访的流量。这样不但对整体转发的能力和性能有所提升，而且还能够解决前面最开始 VSwitch 所提出的网络与服务器管理边界的问题。相比 Cisco 将网络管理推到 VM 的 vNIC 前的思路，这种做法更为传统一些，将网络管理边界仍然阻拦在服务器外面，很明显这是出于服务器厂商的思路。在传统 Ethernet 中，要求交换机对从某接口收到的流量不能再从这个接口发出去，以避免环路风暴的发生。而 VEPA 的使用要求对此方式做出改变，否则 VM 之间互访流量无法通过。对交换机厂商来说，这个改变是轻而易举的，只要变动一下 ASIC 的处理规则即可，不需要像 VN-Tag 那样更新整个转发

芯片。从理论上来说，如 VEB 一样，VEPA 同样可以由支持 SR-IOV 的网卡来硬件实现，而且由于需要实现的功能更少，因此也更容易做一些。作者认为 VEPA 的网卡可能会先于 VEB 的网卡流行起来。

下面说说 Multichannel，802.1Qbg 的说法是在混杂场景中，物理服务器中同时有 VEB、VEPA 和需要直接通过 SR-IOV 连到交换机的 vNIC，而当前对这多种流量在网卡到交换机这条链路上是不能区分识别的，于是 Multichannel 出现了。参见 IEEE 的胶片原文如下：

Gap 2: Multi-channel Capability

➤ Host may be required to support multiple services
  ➤ Embedded Bridge
  ➤ Adjacent Bridge Assist
  ➤ Dedicated bridge link
➤ Currently there is no mechanism to discover, configure and control multiple virtual links between station and bridge
  ➤ To enable coexistence of multiple services on station-resident ports

想在一条通道内对相同类型流量进行更细的分类，看了前面技术理解一节大家应该有个思路了，加 Tag。Multichannel 借用了 QinQ 中的 S-VLAN Tag（就是个 VLAN 标签）。在数据报文从网卡或交换机接口发出时封装，从对端接口收到后剥离。简单的转发过程如下：

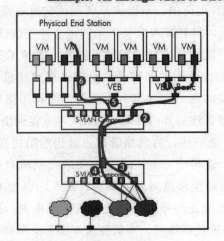

MultiChannel Approach
Example: VM through VEPA to Directly Accessible VSI

1. VEPA ingress frame from VM forwarded out VEPA uplink to S-Component
2. Station S-Component adds SVID (F)
3. Bridge S-Component removes SVID and forwards to port F
4. Frame is forward back to port D, S-Component adds SVID D
5. Station S-Component removes SVID D
6. S-Component forwards frame on Port D on Blue VLAN.

读者读到这里可能会产生疑问,这个和 Cisco 的 BPE 看上去非常相似,都是用 S-VLAN 取代了 VN-Tag 作用在网卡和交换机之间。作者个人觉得 Multichannel 真正瞄准的目标也不是多 VEB 和 VEPA 之间的混杂组网,至少目前做虚拟化的 X86 服务器上还没有看到这种混杂应用的需求场景。真正的目标应该是通过 S-VLAN Tag 建立一条 VM 上 vNIC 到交换机虚拟接口的通道,和 Cisco FEX+VN-Link 具有相同的目标,只是没有考虑网络接入层上面的 FEX 扩展。Cisco 的达人 Joe Pelissier 目前在 EVB 工作组中做的事情也是将其与 802.1Qbh 在 Port Extend 方面做得尽量规则一致。可参考如下胶片内容:

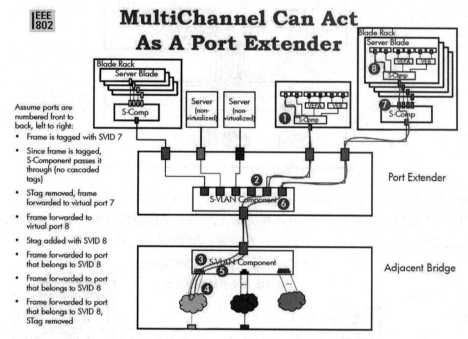

Multichannel 相比 VN-Tag 的优势是交换机目前大部分的转发芯片就已经支持多层 VLAN 标签封装的 QinQ 技术了,而网卡封装 VLAN Tag 也早就已经存在,只要从处理规则上进行一些改动就可以完全实现。但由于其未考虑网络方面的扩展,S-VLAN 还不能进行交换机透传,只能在第一跳交换机终结,所以从接入层网络部署规模上很难与 FEX 抗衡。

最后一个是 Remote Replication 复制问题。Ethernet 网络当中广播、组播和未知单播报文都需要复制,而前面的 Multichannel 结构所有的复制工作都会在交换机完成,于是在很大程度上会导致带宽和资源的极大浪费,如下图所示:

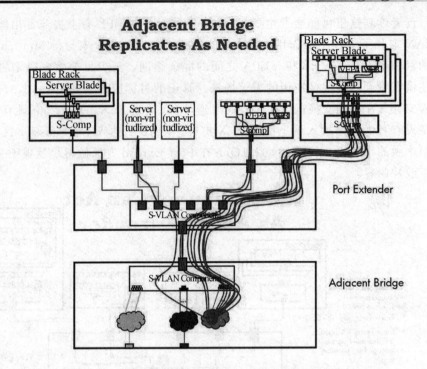

此时需要定制一个标志位，以通知每个 S-VLAN 组件进行本地复制。当前在 802.1Qbg 中此标志位叫作 M 标识，其实和 VN-Tag 字段中的 p 标志位一个作用，因此这块也是由 Cisco 的达人 Joe Pelissier 在完善。M 标识的位置和作用如图所示：

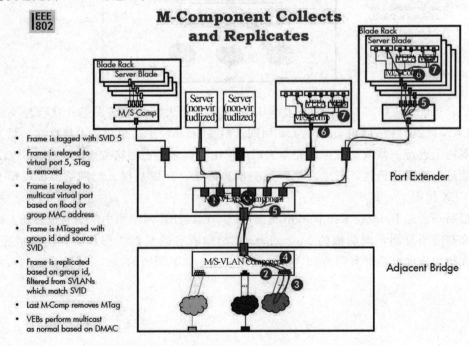

从工作内容上就可以看出，HP 等服务器厂商的思维范畴已经到 VEPA 了，Multichannel 只是提出了一个概念。从总体上来说，EVB 总的思路就是希望在尽量对现有设备最小变更的情况下，解决 VM 接入互访的问题，从改变 Ethernet 交换机接口转发规则到增加 S-VLAN 标签都是如此，但到 M 标识无法保证还能控制。不过就目前完善的协议技术和进行产品转化的速度来看，还存在充足的时间进行考虑和完善。

参考文献

[1] 赵刚. 大数据技术与应用实践指南. 北京：电子工业出版社，2014.

[2] 刘鹏. 云计算. 2版. 北京：电子工业出版社，2011.

[3] 徐强，王振江. 云计算应用开发实践. 北京：机械工业出版社，2012.

[4] 唐国纯. 云计算及应用. 北京：清华大学出版社，2015.

[5] 王鹏. 云计算的关键技术与应用实例. 北京：人民邮电出版社，2010.